Wilhelm Ramsay

Über die geologische Entwicklung der Halbinsel Kola, in der Quatarzeit

Wilhelm Ramsay

Über die geologische Entwicklung der Halbinsel Kola, in der Quatarzeit

ISBN/EAN: 9783744797924

Printed in Europe, USA, Canada, Australia, Japan

Cover: Foto ©berggeist007 / pixelio.de

More available books at **www.hansebooks.com**

UBER DIE

GEOLOGISCHE

ENTWICKLUNG

DER HALBINSEL

KOLA, IN DER...

Wilhelm Ramsay

Vorwort.

Mit vorliegendem Aufsatze übergebe ich dem wissenschaftlichen Publikum den letzten Bericht über meine petrologischen, geologischen und geographischen Forschungen auf der Halbinsel Kola; — das auf meinen Reisen gesammelte reichliche mineralogische Material harrt noch der Bearbeitung. — Diese Gelegenheit möchte ich nicht vorübergehen lassen, ohne allen denen, welche meine Untersuchungen gefördert haben, meinen Dank auszusprechen.

Seit der im Jahre 1887 aus unserem Lande unternommenen Expedition nach der Halbinsel Kola, hat der Leiter jener Expedition, Herr Professor Freih. *J. A. Palmén* mit Rath und That meine späteren Reisen unterstützt. Für das lebhafte Intresse, welches er meiner Arbeit gewidmet hat, statte ich ihm meinen herzlichsten Dank ab.

Der »*Gesellschaft für Finnlands Geographie*», in deren Zeitschrift mir Gelegenheit geboten wurde, die Resultate meiner Untersuchungen zu veröffentlichen, bin ich verbunden für das freundliche Entgegenkommen, das sie den Berichten über die von mir unternommenen Reisen und den Plänen für neue Expeditionen stets zu Theil werden liess, sowie für Beiträge zur Ausführung dieser Pläne. Die Gesellschaft hat nämlich die Halbinsel Kola, obschon ausserhalb der Grenzen Finnlands belegen, als zugehörig zu dem Gebiete ihrer wissenschaftlichen Thätigkeit betrachtet, da ja die Halbinsel Kola einen Theil des finnländischen naturhistorischen Gebietes bildet.

Die für die Ausführung der letzten Reisen, deren Resultate ich hiermit dem Publikum vorlege, nothwendige materielle Unterstützung verdanke ich zum grossen Theil Herrn Commerzienrath *Fr. von Rettig* und Herrn Oberst *Hugo Standertskjöld*. Es drängt mich den beiden Gönnern wissenschaftlicher Forschung meine aufrichtige Erkenntlichkeit auszudrücken.

Auf meinen Reisen im Norden Russlands wurden meine Untersuchungen sehr erleichtert durch die Dienstwilligkeit der Einwohner. Nicht minder war mir das überall seitens der Behörden, welche mir über manche Schwierigkeiten hinweg halfen, erwiesene Entgegenkommen zu Nutzen. Für diese Dienste zolle ich meine Erkenntlichkeit vor allen dem Gouverneur von Archangelsk, Herrn *A. P. von Engelhardt*, einem Manne, der so wohl weiss, dass die von ihm eifrigst erstrebte und kräftig geförderte Entwicklung der materiellen Hülfsquellen seiner Provinz ihre sicherste Unterlage in der wissenschaftlichen Erforschung derselben hat.

Für freundliche Bestimmung der Mollusken in zwei von mir gesammelten Proben von Schalenablagerungen bin ich Herrn D:r *N. Knipovitsch*, dem hervorragenden Kenner der Meeresfauna von Nordrussland, Dank schuldig.

Schliesslich gebührt mein aufrichtigster und warmer Dank allen meinen Begleitern auf den Reisen auf der Halbinsel Kola.

Helsingfors, October 1898.

Wilhelm Ramsay.

Verkürzungen

Acta Soc. Sc. Fenn. = Acta Societatis Scientiarum Fennicae.

Bidr. till känned. af Finl. N. o. F. = Bidrag till kännedomen af Finlands natur och folk, utgifna af Finska Vetenskapssocieteten.

Bihang till k. sv. vet akad. handl. = Bihang till kongliga svenska vetenskaps akademiens handlingar.

Bull. de l'acad. S:t Pétersbourg = Bulletin de l'académie impériale des sciences de S:t-Pétersbourg

Bull. phys.-math. de l'acad. S:t Pétersbourg = Bulletin de la classe physico-mathématique de l'académie impériale des sciences de S:t-Pétersbourg.

Bull. scient. de l'acad. S:t Pétersbourg = Bulletin scientifique publié par l'académie impériale des sciences de S:t-Pétersbourg.

Bull. com. géol. Finlande = Bulletin de la commission géologique de Finlande.

Bull. Geol. Inst. Univ. Upsala = Bulletin of the Geological Institution of the University of Upsala.

Bull. de la Soc. géogr. Paris = Bulletin de la société géographique. Paris.

Carte géologique de la Russie. 1892 = Carte géologique de la Russie, éditée par le comité géologique. S:t-Pétersbourg 1892.

Congrès intern. d'Archéol. Moscou = Congrès international d'Archéologie préhistorique et d'Anthropologie. 11:ème Session, à Moscou 1892.

Fennia = Fennia. Bulletin de la Société de de géographie de Finlande.

G. F. F. = Geologiska föreningens i Stockholm förhandlingar.

Mém. de l'acad. S:t Pétersbourg = Mémoires de l'académie impériale des sciences de S:t-Pétersbourg.

Petermanns Mitteilungen = D. A. Petermanns Mitteilungen aus Justus Perthes geographischer Anstalt. Gotha.

Q. J. G. S. = Quarterly Journal of the Geological Society. London.

Verh. Min. Gesellsch. Petersburg = Verhandlungen der russisch-kaiserlichen mineralogischen Gesellschaft zu S:t Petersburg.

Öfvers. af sv. vet. akad. förh. = Öfversigt af kongl. svenska vetenskaps akademiens förhandlingar. Stockholm.

Зап. Акад. Наукъ = Записки Императорской Академіи Наукъ.

Зап. геогр. Общ. = Записки Императорскаго Русскаго Географическаго Общества.

Извѣст. геол. компт. = Извѣстія Геологическаго Комитета (Bulletin du Comité géologique).

Пр. Варш. Общ. Естеств. = Протоколы засѣданій Варшавскаго Общества Естествоиспытателей.

Тр. С. Пб. Общ. Естеств. = Труды С.-Петербургскаго Общества Естествоиспытателей.

Inhaltsverzeichniss.

I. Beobachtungen.

II. Zusammenfassung.

— ◆ — —

Verbesserungen.

Seite 105, Zeile 14 v. o. lies SE anstatt SW.

An mehreren Stellen im Texte steht fälschlich Ust-Pinegi und Ust-Wagi, muss Ust-Pinega und Ust-Waga heissen.

Zur Vervollständigung der Angaben auf S. 21 über Schrammenrichtungen soll noch auf Seite 109 in Reusch's Arbeit »Det nordlige Norges geologi» hingewiesen werden.

— — ◆ — —

Einleitung.

In früheren Arbeiten [1]) haben wir schon darauf hingewiesen, dass die Halbinsel Kola in geologischer und physisch-geographischer Hinsicht mit der Skandinavischen Halbinsel, Finnland, Russisch Karelien und den Gegenden zwischen dem See Onega und dem Weissen Meere eng verbunden ist.

Wie in diesen Gebieten so finden wir auch auf der genannten Halbinsel allenthalben ein Felsengerüst von tief erodiertem Grundgebirge und abyssischen Massengesteinen, und die geringen Partien anderer Gestaltung, wie die Sandsteinbildungen an den Küsten des Russischen Lapplands, entsprechen den vielen kleinen isolierten Gebieten jüngerer Sedimentgesteine in Schweden und Finnland. Wie diese sind sie Überreste ausgedehnter Ablagerungen, die das Grundgebirge einst bedeckten und jetzt in den meisten Fällen auf eingesunkenen Schollen zwischen Verwerfungen auftreten.

. Die grossen Grabensenkungen, Skagerrak, Kattegat, die Ostsee und der Finnische Meerbusen, zwischen dem skandinavisch-finnländischen krystallinen Gebiete und den sedimentären Systemen Mittel- und Osteuropas setzen sich über den Ladoga und den Onega nach dem Weissen Meere fort. Das letztere ist ebenfalls eine durch Verwerfungen entstandene Grabensenkung, welche die aus Grundgebirge bestehende Halbinsel Kola vom übrigen, ganz anders aufgebauten Nordrussland trennt.

Im Westen und Nordwesten geht die kaledonisch-norwegische Gebirgsfaltung über Nordeuropa, und da aus meinen Beobachtungen wahrscheinlich wird, dass die Insel Kildin, die Fischerhalbinsel und das Gaisasystem in Finnmarken Reste einer

---

[1]) Fennia 3, n:o 7; 11, n:o 2 und 15, n:o 4.

Fortsetzung der Timan-Kanin-Kette sind, sehen wir das alte horst-
artige Plateau, welchem Suess den characteristischen Namen des
»baltischen Schildes» gab, in Westen, Norden und Nordosten von
paläozoischen Gebirgsfaltungen umschlossen, während gewaltige
Verwerfungen es auf der anderen Seite begrenzen.

Überhaupt ist dieses nordeuropäische Gebiet von Wurzeln
alter Gebirgsketten von archäischem bis postdevonischem Alter
durchzogen und von Verwerfungen und Bruchlinien durchquert.
Man wird finden, dass es durch successive Anreihung von grossen
Bruchschollen und Gebirgsfalten sich aufbaute, bis die letzten
grossen Verwerfungen seine endgültige Begrenzung feststellten.

Auf diesem Schollenplateau befinden sich zahlreiche post-
archäische verschiedenartig zusammengesetzte Eruptivgebiete. Unter anderen trifft man hier, von Südnorwegen bis in's Russische
Lappland, die vielen Nephelinsyenit-vorkommen an, nämlich die
von Laurdal, Särna, Alnö, Enontekis (?), Kuolajärvi (Cancrinitsyenit),
Kuusamo (Ijolith vom Iiwaara) und die grössten von allen, Umptek und Lujavr-Urt, auf der Halbinsel Kola.

Ferner fing das nordische krystalline Gebiet früh an insel-
artig aus den geologischen Weltmeeren emporzuragen, so dass die
physisch-geographischen Veränderungen hier hauptsächlich in säku-
larer Verwitterung und Erosion bestanden, während die umgebenden Länder noch transgrediert wurden, und neue Sedimente
sich auf ihnen absetzten.

Auch die quartäre Entwicklung zeigt in allen Theilen des
Gebietes grosse Übereinstimmung. Die Landschaftsformen der
Halbinsel Kola und Russisch Karelien sind denen Skandinaviens
und Finnlands ähnlich und tragen wie diese das deutlichste Gepräge ehemaliger Vergletscherung an sich. Die genannten Länder waren das Centralgebiet der nordeuropäischen Vereisungen,
und in pleistocäner und postglacialer Zeit haben sie ein gemeinsames Schwankungsgebiet gebildet, das gleichzeitigen Landhebungen und Landsenkungen unterworfen war.

Wie ersichtlich bildet also die Halbinsel Kola mit Norwegen,
Schweden, Finnland, Russisch Karelien und der Onega-gegend

zusammen ein in geologischer und physisch-geographischer Hinsicht gemeinsames, von der Umgebung sich scharf abhebendes
Gebiet. In allen den genannten Ländern begegnen uns dieselben
oder ähnliche Fragen der Geologie, die aber ganz anderer Art
sind oder auf ganz anderem Wege gelöst werden müssen, als
die, welche die Forscher der angrenzenden Länder Mittel- und
Osteuropas beschäftigen. Jede Untersuchung, die nicht auf eine
blosse Lokalbeschreibung ausgeht, sondern allgemeine Gesichts-
punkte vertritt, muss zu ihrer Erledigung Rücksicht auf die entsprechenden Verhältnisse in allen Theilen des erwähnten Gebietes
nehmen, oder wenn sie durch Beobachtungen in nur einem kleineren Bezirke zu endgültigen Resultaten gebracht werden kann,
können diese sofort bei der Beurtheilung der entsprechenden Erscheinungen im ganzen Gebiete angewandt werden.

Es sollte übrigens unzweifelhaft ein geographisch so gut be-
grenztes Gebiet wie das beschriebene, mit seinem besonderen
geologischen Bau und seiner eigenartigen Entwicklung seinen
gemeinsamen, zusammenfassenden Namen haben. Die existierenden
politischen und historischen Benennungen beziehen sich ja nur
auf einzelne Theile desselben, und es ist zu schwerfällig die Namen
Norwegen, Schweden, Finnland, Russich Karelien, den nördlichen
Theil des Olonetz'schen und den westlichen Theil des Archangel'-
schen Gouvernements jedesmal aufzuzählen, so oft man von diesem
Theil von Europa spricht. Man kann ihn auch nicht ganz kurz
Nordeuropa nennen, da dieser Name noch grössere Partien unseres
Welttheiles umfasst als das von uns gedachte Gebiet, welches nur
durch die Landengen zwischen dem Finnischen Meerbusen, dem
Ladoga, dem Onega und dem Weissen Meere mit dem übrigen
Europa zusammenhängt. Zu wenig umfassend sind hingegen die
Bezeichnungen »der baltische Schild» und »das krystalline Gebiet
Nordeuropas», da zu dem fraglichen Gebiete die paläozoischen
Gebirgsketten gehören und z. B. auch Schonen mitgerechnet wer-
den soll.

Ich will daher den Vorschlag machen, dass man diesen
Komplex von geologisch mit einander eng verbundenen Ländern,

welcher mit dem s. g. skandinavisch-finnländischen naturhistorischen Gebiet der Botaniker und Zoologen identisch ist, *Fenno-skandia* nennt. Die Haupttheile desselben sind ja die Skandinavische Halbinsel und Finnland, und das Gebiet ist, auch wenn man die auf Russland fallenden Theile in Betracht zieht, grössten Theils seit uralten Zeiten von skandinavischen und finnischen Völkern bewohnt gewesen.

Fennoskandia ist nun in den letzten Jahrzehnten in quartärgeologischer Hinsicht immer eingehender untersucht worden. Schon kann man eine so genaue Darstellung seiner Entwicklung seit den Eiszeiten geben, wie sie uns De Geer in seinem Werke »Skandinaviens geografiska utveckling» bietet. Bisher hat sich doch ein Mangel an Angaben über die nordöstlichen Theile des Gebietes fühlbar gemacht und die vollständige Beschreibung mancher der wichtigsten Ereignisse in der Quartärperiode nicht gestattet. Es ist nun der Zweck der vorliegenden Arbeit auf Grund einer Anzahl Beobachtungen von der Halbinsel Kola und den Umgebungen des Weissen Meeres zur Ausfüllung dieser Lücken beizutragen.

Ehe ich zu meinen eigenen Untersuchungen übergehe, will ich indessen die wichtigsten Arbeiten früherer Forscher kurz erwähnen, welche unsere Kenntnisse der posttertiären Ablagerungen in Nordrussland bereichert und zu den jetzt herrschenden Vorstellungen über die quartäre Geschichte dieses Gebietes geführt haben.

Die grundlegende geographische Beschreibung des russischen Nordens hat uns Reineke [1]) geliefert, der auch den Haupttheil der Arbeit bei der ersten wissenschaftlich genauen Vermessung und Aufnahme der Küsten des Eismeeres und Weissen Meeres ausführte. Rein geologisches Intresse hat indessen in seinem Werke nur die Erwähnung alter Strandlinien an den Küsten der Halbinsel Kola.

---

[1]) Гидрографическое описание северного берега России. (1829—1832).

W. Böhtlingk [1]) (1839) verdanken wir aber die ältesten Untersuchungen der quartären Bildungen auf der Halbinsel Kola.
Er konstatierte unter anderem die allgemeine Verbreitung von
erratischen Blöcken, abgerundeten Bergen und geschrammten Felsen mit einer nach dem Eismeer hin gehenden Erosions- und
Furchungsrichtung. Die Erklärung dieser diluvialen Erscheinungen findet Böhtlingk in Sefström's Theorie der Geröllefluth und
tritt sogar gegen die ihm schon bekannte Gletschertheorie von
Agassiz auf. [2])

　　　Eine andere wichtige Thatsache, die Böhtlingk erwähnt, ist
das Auftreten alter Strandlinien, über deren Entstehung er An-
sichten hegt, welche den jetzt herrschenden sehr nahe kommen.
Hierdurch wurde es klar, dass auf der Halbinsel Kola ähnliche
Verschiebungen des Ufers stattgefunden haben, wie man sie in
den übrigen Theilen von Fennoskandia schon längst kannte.

　　　In den Jahren 1840—1841 unternahm Murchison mit von
Keyserling und de Verneuil seine berühmten Reisen durch Russland.
Während derselben beobachtete er südlich und südöstlich vom
Weissen Meere Geschiebesand und -lehm (Drift), mit fremden
Blöcken aus krystallinischen Gesteinen, die in Finnland und Rus-
sisch Lappland anstehen und in bestimmten, den Schrammen ent-
sprechenden Richtungen transportiert worden waren. [3]) Murchison
erklärt die Erscheinungen durch die Lyell'sche Treibeistheorie
(Drift-Theory).

　　　Von aller grösster Bedeutung war noch Murchison's und
von Keyserling's Entdeckung, dass posttertiärer Thon und Sand,
welche subfossile marine Mollusken enthalten, die mit wenigen
Ausnahmen den im Weissen Meere und an der Murmanküste
noch lebenden Arten angehören, die Thalmulden der Flüsse Dwina,
Waga, Pinega etc. erfüllen. [4]) Daraus folgt, dass das Eismeer

---

[1]) Bulletin scientifique de l'académie de S:t-Pétersbourg. 7 107 und 191, 1840.

[2]) Bulletin scientifique de l'académie de S:t-Pétersbourg. 8. 162. 1841.

[3]) The Geology of Russia in Europe and The Ural Mountains. London
1845. Vol. I. 507—556.

[4]) l. c. Vol. I. 327.

in pleistocäner Zeit sich über grosse Gebiete von Nordrussland hin ausgedehnt haben muss. Murchison sah in diesen Ablagerungen Aequivalente gewisser Schalenbänke auf »raised beaches» in Schottland und des bekannten Vorkommens subfossiler arktischer mariner Mollusken bei Uddevalla in Schweden. Fernerhin führt er an, dass diese fossilführenden Thone und Sande bei Ust-Waga und anderen Orten im Dwinagebiete von »Drift»-ähnlichen Ablagerungen überschichtet worden sind.

Unsere Kenntnisse dieser marinen posttertiären Bildungen im Nordosten Russlands wurden später in hohem Grade erweitert durch die Reisen von v. Keyserling mit v. Krusenstern [1]) nach dem Petschoralande (1843), von Grewingk [2]) nach der Halbinsel Kanin (1848), von Barbot de Marny [3]) im Dwinagebiet (1864) und von Stuckenberg [4]) am Petschora (1874).

Kehren wir wieder zu den Untersuchungen über die Vereisungen zurück, so finden wir die Drifttheorie, welche Murchison anstatt der von Böhtlingk und anderen vertheidigten Sefström'schen Lehre von der Geröllefluth verfocht, vor der Gletschertheorie der Eiszeit zurücktreten, seitdem v. Helmersen's Arbeiten über die Diluvialgebilde Russlands [5]) bekannt wurden (1869), obgleich dieser dem Treibeise noch eine grosse Rolle zuschreibt.

Die reine Inlandeistheorie wird erst von Torell [6]) (1870, 1873) auch auf die Verhältnisse Nordrusslands übertragen, und er bespricht dabei, mit Leitung der von Böhtlingk beobachteten Schrammen, einen Eisstrom des Eismeeres und einen des Weissen Meeres auf der Halbinsel Kola.

Inzwischen hatte Inostranzeff eine Reihe Forschungen zwi-

---

[1]) Reise in das Petschoraland. S:t Petersburg 1840.

[2]) Bull. phys.-math. d. l'acad. de S:t Pétersbourg. *8.* 44. 1850. Зап. Акад. Наукъ. *47.* Приложеніе N:o 11. 1892.

[3]) Verh. der Min. Gesellsch. Petersburg, 2 Serie. *3.* 204. 1868.

[4]) Матеріалы для геологіи Россіи *6.* I. 1875.

[5]) Mém. de l'acad. S:t Pétersbourg. *14.* N:o 7. 1869.

[6]) Öfvers. af sv. vet. akad. förh. *30.* N:o 1. 47. 1873.

schen dem Onega-See und der Onega-Bucht[1]) (1871), in den Umgebungen der Onega-Bucht[2]) (1872) und im Povjenets'schen
Kreise[3]) (1877) veröffentlicht. Diesen Untersuchungen verdanken
wir neue werthvolle Beobachtungen über die Bildungen der Eiszeit, Moräne, Gerölle, Åsar — alles im Lichte der Inlandeistheorie —
sowie auch sehr wichtige Beiträge zur Kenntniss der postglacialen
Erscheinungen, unter anderen der alten Strandlinien und der Hebung der Küste.

Aus den oben erwähnten Untersuchungen geht schon hervor,
dass die quartäre Geschichte Nordrusslands ganz wie die Skandinaviens und Finnlands ihr Gepräge von den extremen Klima-
schwankungen (Vergletscherungen) und Niveauschwankungen (po-
sitiven und negativen Verschiebungen der Uferlinie) bekommen hat.
Was darüber durch die Untersuchungen der letzten Jahrzehnte
klar geworden ist, wollen wir kurz erläutern.

1) Vereisungen.

Die äusserste Grenze, bis zu welcher das von Fennoskandia
kommende Inlandeis sich ausdehnte ist von Nikitin[4]) und Tschernyscheff[5]) festgestellt worden. Diese Forscher scheinen auch der
Ansicht zu sein, dass man in Nordrussland Beweise nur für *eine*
Vergletscherung hat.[6])

Damit stimmt zum Theil die Auffassung von De Geer[7])
überein, trotzdem dass er ein Anhänger der Theorie von mehreren
Eiszeiten ist. Nach ihm hat nämlich die letzte grosse Vereisung

— .

[1]) Тр. С. Пб. Общ. Естеств. 2. 1. 1871.

[2]) Тр. С. Пб. Общ. Естеств. 3. 165. 1872.

[3]) Геологическій очеркъ Повѣнецкаго уѣзда Олонецкой губерніи. S:t Petersburg 1877.

[4]) Petermanns Mitteilungen. 32. 257. 1886.

[5]) Извѣст. геол. комит. 10. N:o 4. 95. 1891.

[6]) l. c. und Nikitin: Congrès intern. d'Archéol. Moscou 1892. 1.1 und Tschernyscheff: ibid. 1.35.

[7]) G. F. F. 7. 436. 1885 und Skandinaviens geografiska utveckling. Stockholm 1896.

von Fennoskandia Nordrussland nicht überschwemmt, sondern der
Rand der Eisdecke lag am s. g. »Salpausselkä» und an seiner
Fortsetzung in Russisch Karelien, westlich vom Ufer des Weissen
Meeres, im Anschluss an die älteren Beschreibungen von Rosberg. [1]) Da nun aber die Fortsetzung des Salpausselkä nach den
neueren Untersuchungen von Rosberg [2]) vermuthlich östlicher
liegt und das Weisse Meer ungefähr bei Suma erreicht, ist wohl
die Grenze der letzten Vereisung im Sinne De Geer's auch so viel
östlicher zu verlegen.

Eine andere Ansicht hat Sederholm [3]) vertreten, indem er
den Salpausselkä nicht für eine Ablagerung am Rande eines Landeises bei dessen grösster Ausdehnung hält, sondern denselben
als eine bei längerem Stillstand während des Rückzuges des
Eisrandes entstandene Bildung deutet. Wenn diese Auffassung
richtig ist, muss die letzte grosse Vergletscherung sich viel mehr
nach Osten hin erstreckt haben als De Geer vermuthet.

Gerade die Halbinsel Kola muss nach der einen oder anderen der oben angeführten Auffassungen während der letzten
grossen Vereisung entweder eisfrei oder vom Eise überschwemmt
gewesen sein. Meine früheren Untersuchungen haben diese Frage
nicht beantworten können. Allerdings habe ich im Inneren der
Halbinsel wenigstens zwei getrennte Vergletscherungen unterscheiden können [4]), von denen die erste mit einer allgemeinen
Verbreitung des Landeises über Fennoskandia zusammenhing,
die zweite in einer localen Vergletscherung der Hochgebirge
Umptek und Lujavr-Urt bestand. Es blieb aber unentschieden,
ob diese der letzten grossen Eiszeit oder einer noch späteren
Verschlechterung des Klimas entspricht.

Über die Beschaffenheit der Moräne auf der Halbinsel Kola

---

[1]) Fennia 7, n:o 2. 1892.

[2]) Fennia 14, n:o 7. 1898.

[3]) Fennia 1, n:o 7 1889 und Guide des Excursions du VII Congrès géologique international. XIII. S. 10. 1897.

[4]) Fennia 11, n:o 2. S. 31—44.

und in Russich Karelien belehren uns die Arbeiten von Kudrjavzeff [1]), Rabot [2]), Miklucha-Maklay [3]) und Rosberg [4]) sowie meine
früheren Untersuchungen. [5])

2) Niveauschwankungen.

Die bedeutendste Niveauschwankung der quartären Zeit in
Nordrussland ist diejenige positive Verschiebung der Uferlinie, bei
welcher mariner Thon und Sand in Nordostrussland bis zu Höhen
von 150 m über der gegenwärtigen Meeresoberfläche ausgebreitet
wurden. Tschernyscheff [6]), dem wir die neuesten Untersuchungen
dieser s. g. »borealen marinen Transgression» [7]) verdanken, hebt
hervor, dass ihre Ablagerungen auf einem vom Inlandeis erodierten
Boden und auf Moräne ruhen, folglich jünger als die allergrösste
Vergletscherung sind. Dagegen befinden sich nach demselben
Forscher auf ihnen keine Moräne oder Gletscherbildungen. Das
grobe sandig-lehmige, mit Blöcken vermengte Material, welches
sie an mehreren Orten überlagert, enthält nach ihm nur Gerölle
und ist geschichtet und gewaschen. Tschernyscheff neigt zu der
Auffassung, dass die besprochene Transgression post- oder spätglacial ist, und dass ihre Sedimente Aequivalente des Eismeer-
thones (Yoldiathones) in Skandinavien sind. [8]) Eine ähnliche An-
schauung scheint auch Lebedeff [9]) zu vertreten, welcher diese Bildungen bei Ust-Waga untersucht hat.

Eine abweichende Ansicht hat hingegen De Geer [10]) ausgesprochen. Auf Grund der Funde von *Elephas primigenius* in
Bildungen, welche auf den borealen marinen Ablagerungen ruhen,

1) Тр. С. Пб. Общ. Естест. 12, 233; 14, 13.

2) Bull. de la Soc. géogr. Paris 10, 457, 1889.

3) Verh. Min. Gesellsch. Petersburg. 26, 431; 29 189.

4) Fennia 7, n:o 2 u. 14, n:o 7.

5) Fennia 3, n:o 7; 5 n:o 7; 11, n:o 2.

6) Изв. геол. комит. 10. N:o 4. 95.

7) Carte géologique de la Russie d'Europe. S:t Petersburg. 1892.

8) Congrès intern. d'Archéol. Moscou. 1, 35.

9) Материалы для геологии России 16. I. 1893.

10) Skandinaviens geografiska utveckling. S. 52.

hält er diese für interglacial. Eine Bestätigung dieser Deutung scheinen die neulich von Amalitsky [1]) gemachten Beobachtungen zu liefern. Er hat nämlich am unteren Dwina auf den marinen borealen Ablagerungen Thon (z. Th. sandig) mit Muschelfragmenten und geschrammten Blöcken, wahrscheinlich Moräne, gefunden.

Während die besprochenen Ablagerungen im Nordosten von Russland eine grosse Ausdehnung haben, vermisst man sie westlich vom Weissen Meere auf der Halbinsel Kola. Dagegen wissen wir, ausser durch die älteren Mittheilungen bei Reineke, Böhtlingk und v. Middendorff [2]), durch die Angaben von v. Maydel [3]), Inostranzeff [4]), Kudrjavzeff [5]), Herzenstein [6]), Rabot [7]), Faussek [8]) und mir [9]), dass an der Murmanküste und den Ufern des Weissen Meeres alte hochliegende Strandlinien und Terrassen vorkommen, auf denen auch Reste von marinen Mollusken angetroffen worden sind. Sie werden gewöhnlich mit den spät- und postglacialen Uferlinien in Skandinavien und Finnland verglichen.

Dass an den Küsten des Weissen Meeres auch in historischer Zeit eine nicht unbedeutende Landhebung stattgefunden hat, wurde von Inostranzeff [10]) behauptet. Nach Faussek [11]) soll indessen die Verschiebung der Uferlinie in historischer Zeit nicht merkbar oder sehr gering sein.

Mit Rücksicht auf den oben kurz angegeben Standpunkt

[1]) Пр. Варш. Общ. Естеств. N:o 3. Годъ VII. 1893.

[2]) Bull. de l'acad. S:t Pétersbourg. *2.* 152. 1860.

[3]) Зап. реорг. Общ. *4.* 497. 1871.

[4]) Тр. С. Пб. Общ. Естеств. *3.* 165. 1872.

[5]) l. c.

[6]) Тр. С. Пб. Общ. Естеств. *16.* 635. 1885.

[7]) l. c.

[8]) Зап. реорг. Общ. *25.* 1. 1890.

[9]) Fennia *3,* n:o 7.

[10]) Тр. С. Пб. Общ. Естеств. *3.* 165.

[11]) l. c.

unserer Kenntnisse der Quartärgeologie Nordrusslands, schienen mir die folgenden Fragen beantwortet werden zu müssen, damit einige der wichtigsten Abschnitte der posttertiären Geschichte von Fennoskandia zu einem gewissen Abschluss gebracht würden.

1. Können wir auf der Halbinsel Kola und in den Umgebungen des Weissen Meeres nur *eine* Eiszeit mit mehreren nach einander folgenden Phasen oder *mehrere* durch Interglacialperioden getrennte Vergletscherungen unterscheiden? Und wo haben wir die Grenzen der verschiedenen Vereisungen oder Stadien von Vereisung?

2. In welchem Zeitverhältniss steht die marine boreale Transgression zu den Vergletscherungen?

3. Entsprechen die alten Strandlinien auf der Halbinsel Kola und an den Ufern des Weissen Meeres den spät- und postglacialen Landsenkungen in Skandinavien und Finnland, und wie hoch liegen die Grenzen dieser Landsenkungen?

4. Gehört die boreale marine Transgression zu einer dieser Landsenkungen oder ist sie älter?

Beobachtungen für die Beantwortung der obenstehenden Fragen fing ich schon auf den Reisen nach der Halbinsel Kola in den Sommern 1887, 1891 und 1892 einzusammeln an. [1] Während dieser Expeditionen, deren Hauptzweck die Untersuchung des Gesteinsgerüstes und vor Allem des Nephelinsyenitgebietes war, unternahm ich Forschungen hauptsächlich auf den Wegstrecken Kola-Woroninsk und Woroninsk-Jokonsk sowie in den Hochgebirgen Umptek und Lujavr-Urt und ihren Umgebungen. Von den Küstenorten wurden damals nur die Kolagegend, Kildin, Jokonsk, Ponoj, Umba und Kandalakscha besucht. Dabei häuften sich so viel Beobachtungen über die losen Bildungen, dass ich mich allmählich geneigt fühlte sie durch neue Forschungen an den Küsten der Halbinsel zu vervollständigen, um dadurch zur Lösung einiger der Fragen der Quartärgeologie des Nordens beitragen zu können.

---

[1] Fennia 3, n:o 7; 5, n:o 7; 11 n:o 2.

Die lang beabsichtigte Expedition kam im Sommer 1897 zu Stande, und während derselben hatte ich den Vortheil von zwei jungen interessierten Studierenden, den Herren J. E. Ailio und Cand. Phil. Gunnar Bergroth begleitet zu werden. Nach einer Fahrt um Norwegen herum gelangten wir nach Wardö und von dort nach der neu angelegten Stadt Jekaterinenskaja Gavanj an der Mündung des Kolafjordes (den 13 Juni). Von Herrn Capitain D. J. Sjöstrand, einem Theilnehmer der grossen finnländischen Expidition nach der Halbinsel Kola im Jahre 1887, welcher sich seitdem bei der Bucht Srednij der Stadt gegenüber niedergelassen hat, mietheten wir ein Segelboot mit Bemannung.

Mit demselben begaben wir uns zuerst nach der Fischerhalbinsel. Hier besuchten wir, ausser Titofka am Festlande, Srednij Poluostroff, die Muotkagegend, Tscherwano, Waidaguba, Malaja und Bolschaja Karabelnaja (18—20 Juni).

Nachdem Ailio auf der Fischerhalbinsel behufs weiterer Untersuchungen zurückgeblieben war, fuhren Bergroth und ich nach der Insel Kildin, wo wir drei Tage (29 Juni— 1 Juli) verweilten, und dann der Murmanküste entlang, folgende Orte besuchend: die Mündung des Worenjeflusses, Gavrilovo, Pustaja Guba bei Portschnicha, Kekora, Rynda, Mys Tschegodejeff, Charlofka, Semiostrofsk, Litsa, Warsinsk und Jokonsk. In Gavrilovo vereinigte Ailio sich wieder mit uns, in Warsinsk aber theilten wir die Expedition so, dass Ailio nach der Kandalakschagegend reiste, während Bergroth und ich der Küste entlang die Untersuchungen fortsetzten.

Wir fuhren mit dem Dampfer von Jokonsk nach Ponoj, dessen Umgebungen wir während fünf Tage (13—17 Juli) untersuchten. Von dort setzten wir zu Boot dem Ost- und Südufer entlang unsere Reise fort und besuchten folgende Stellen: Kusminskaja Tonja, Krasnaja Scholka, Sosnofka, Babja, Pjalitsa, Tschapoma, Strelna, Tetrina, Tschawanga, Kusomen und Warsuga (18 Juli—4 Aug.). Von Kusomen reisten wir über Solowetsk, wo ich von 5—7 Aug. blieb, Suma und Povjenets nach Hause, um an den Excursionen des internationalen geologischen Kongresses theilzunehmen.

Ailio hatte unterdessen bei Kandalakscha, Porja Guba, Umba, Turja, Kusrjeha, Olenitsa, Salnitsa und Kaschkarantsy Untersuchungen ausgeführt.

Bei der Zusammenstellung der auf dieser Reise (1897) gemachten Beobachtungen zeigte sich, dass noch weitere Untersuchungen auf der Halbinsel Kola nöthig waren, und dass mehrere von den Fragen ohne Kentniss gewisser Verhältnisse südlich und östlich vom Weissen Meere nicht beantwortet werden konnten. Ich unternahm darum in diesem Jahre wieder eine Reise nach dem Norden von Russland.

In Begleitung des Herrn Stud. I. Sourander begab ich mich (26 Mai) über den Onega-See nach dem Weissen Meere auf dem Wege Povjenets—Suma. Von diesem letzten Ort folgten wir der Küste bis zu der Stadt Onega, folgende Orte berührend: Koleschma, Njuktscha, Uneschma, Kuscherjeka, Maloschujka und Warsogory. Dann setzten wir unseren Weg längs der Landstrasse nach Archangelsk fort (Ankunft den 17 Juni), einen Abstecher von Krasnaja Gora nach Lopschenga machend.

Von Archangelsk reisten wir mit Dampfer nach Ust-Pinega (18 Juni), und von dort längs der Landstrasse nach der Stadt Pinega, um dann auf dem Flusse Kuloj zu Boot nach dem Golf von Mesen zu fahren. Nach einem Abstecher nach der Insel Morschovets folgten wir weiter der Winterküste bis an's Dorf Simnaja Solotitsa (den 1 Juli). Von diesem reisten wir mit dem Dampfer nach Charlofka an der Murmanküste, wo wir in den Gegenden zwischen Charlofka und Rynda eine Woche zubrachten (3—11 Juli). Dann setzten wir die Reise nach Jekaterinenskaja Gavanj fort, blieben einige Tage am Kolafjord, und wanderten schliesslich von Kola nach Kandalakscha (16—22 Juni). Nach Besuchen in Knjäscha und Kovda kehrten wir über Archangelsk nach Hause zurück (Ankunft den 3 Aug.).

Das auf diesen Reisen gesammelte Material von Beobachtungen ist allerdings noch nicht hinreichend genug zur endgültigen Beantwortung der aufgestellten Fragen. Wenn ich nun dennoch auf diese einzugehen wage, kann die Darstellung in mancher Hinsicht

nur von einem allgemeinen übersichtlichen Character werden. Zu
einer erschöpfenden quartären Entwicklungsgeschichte der Halbinsel Kola müssen noch eine Reihe umfassender und eingehender
Untersuchungen gemacht werden, und, wie man aus meiner Beschreibung finden wird, haben sich während des Ganges der Untersuchungen neue Räthsel eingestellt, die noch auf ihre befriedi-
gende Lösung warten.

Die vorliegenden Untersuchungen über die pleistocäne und
postglaciale Entwicklung der Halbinsel Kola sind zum aller grös-
ten Theil in den Küstengebieten am Eismeer und am Weissen
Meere ausgeführt worden. Ich finde es darum geeignet hier eine
kurze Characteristik dieser in verschiedenen Gegenden von einander sehr abweichenden Küsten zu geben, die ich von Petschenga im Westen bis zur Mündung des Kulojflusses im Osten
mit Ausnahme einiger kleinen Strecken besucht habe. [1]

Längst im Westen liegt die Fischerhalbinsel, wie ein
Appendix dem eigentlichen Festlande angehängt. Wie die östlicher
gelegene Insel Kildin, besteht sie aus anderen Gesteinen als
die gegenüberliegende Küste, nämlich aus gefalteten Sandsteinen,
Konglomeraten und Schiefern. Oben uneben plateauartig, mit
zahlreichen Seentümpeln erfüllt, ist sie meistens von Felsenufern
und Steilküsten umgeben. Nur um die Fjorde und Buchten herum
ist das Land sanft ansteigend und zugänglich. Die eigentliche
Fischerhalbinsel erhebt sich bis zu ca. 150—250 m, der zwischen
ihr und dem Festlande gelegene »Srednij Poluostroff« (= die
mittlere Halbinsel) bis über 350 m ü. d. M.

Von Südwaranger bis an das Vorgebirge Svjatoj Noss erstreckt sich die s. g. Murman-küste (Мурманскій берегъ). Sie
ist von Gneiss-granit und Urgneissen mit Stöcken von Diorit
und Gängen von Diabas gebildet. Die schroffen Felsen, zwischen
denen lose Bildungen nur in sehr untergeordetem Grade vor-

---

[1] Das Innere der Halbinsel Kola ist schon in Fennia *3*, n:o 5, n:o 6 und
n:o 7; *5*, n:o 7 und n:o 8 sowie *11*, n:o 2 kurz beschrieben worden.

kommen, erreichen westlich vom Kolafjord noch Höhen von 300
bis 500 m; östlich davon werden sie niedriger, von Gavrilovo nach
Osten hin ist eine mittlere Höhe von 100 bis 150 m gewöhnlich.
Der westliche Theil dieser Küste ist von mehreren langen Fjorden durchschnitten und hat dadurch grosse Ähnlichkeit mit Südwaranger. Östlich vom Kolafjord dringen keine Fjorde oder Buchten
mehr in's Land hinein, gute Hafenplätze bieten nur die Flussmündungen. Die Küste wird immer mehr zusammenhängend und
geht dadurch in die plateauartige Ostküste allmählich über.

Bei Svjatoj Noss fängt nämlich die Tersche Küste (Тер-
скій берегъ) an, die sich bis an das Vorgebirge Turja erstreckt.
Ihr östlicher Theil bildet eine ausgeprägte von Steilküsten be-
grenzte ca. 130—160 m hohe Plateaulandschaft, welche in der
Gegend von Ponoj am typischsten entwickelt ist. Der Untergrund
derselben besteht aus Gneissgranit, Gneissen und krystallinen
Schiefern, deren abradierte Schichtenköpfe mit losen Bildungen
bedeckt sind. Nach Süden hin wird der Sockel von festem Gestein immer unbedeutender, und vom Vorgebirge Pulonga an bis
Turja treten die vereinzelnten sichtbaren Gneissgranit und Sand-
steinsfelsen vor den mächtigen Morän-, Geröllegrand- und Sandablagerungen zurück, welche die seichte und flache, hafenlose
Küste bilden.

Eine ganz andere Natur trifft man wieder jenseits des Vorgebirges Turja an. Hier fängt die gebirgige, von Fjorden und
Buchten zerschnittene, mit »Schären« umgürtete Kandalaksche
und Karelische Küste (Кандалакскій, Корелскій берегъ) auf beiden Seiten des Golfes von Kandalakscha an. Die Berge (Grundgebirge) erreichen wieder nicht unbedeutende Höhen, bis 400 m bei
Kandalakscha. Südlich davon werden sie doch wieder niedriger,
nur einzelne Berge ragen zur grösserer Höhe über die anderen
empor, z. B. der Tolstik bei Kovda (160 m).

Nach der Karelischen Küste folgt die Pomorsche Küste
(Поморскій берегъ). Sie ist auch in ihrem nördlichen Theil von
Schären umgeben und von tief eindringenden Meerbusen zer-
schnitten. Diese werden aber nach Südosten hin immer kleiner

und schliesslich hat man bei der Onega-Bucht die hafenlosen, seichten, zur Ebbezeit kilometerweit trocken liegenden Ufer, die schon Inostranzeff beschrieben hat. Die losen Bildungen, welche an der kandalakschen-karelischen Küste vor den Felsen und Bergen noch zurücktreten, bekommen auf der pomorschen Küste eine nach Südosten hin immer mehr wachsende Ausdehnung, und zwischen dem Dorf Suma und der Stadt Onega ragen schon die Berge, z. B. Medveschija' Gory bei Suma und Svjataja Gora bei Njuktscha (beide ca. 100 m hoch), wie Inseln aus den flachen, mit Moräne, Thon und Torf bedeckten Umgebungen empor.

Die Küsten der Onegahalbinsel, Sommerküste (Лѣтній берегъ) genannt, westlich von Archangelsk, bestehen aus losem Terrain. Sie sind von breiten Ebbufern umgeben und mit Ausnahme der Bucht Puschlahta ohne Hafen für grössere Fahrzeuge. Die Höhen am Ufer erheben sich im allgemeinen zu 30 bis 50 m ü. d. M., am inneren Ende der Onega-Bucht bei Kianda, Tamitsa und Onega, begegnet man doch in einer Entfernung von 2 bis 4 km vom Ufer, Höhen von über 100 m ü. d. M.

Der innere Theil der Dwinabucht wird vom grossen nur bis zu einigen m hohen Dwinadelta begrenzt. Rechts davon beginnt die Winterküste (Зимній берегъ), auf der Ostseite des Weissen Meeres. Mit Ausnahme des aus devonischen Schichten bestehenden Glintes bei Simnija Gory, Solotitsa und Tova treten hier nur lose Bildungen auf. Die von der Ferne anscheinend plateauartige, in der That kleinhügelige Landschaft ist an geraden, seichten Ufern von den Brandungen unterwaschen. Die steilen Küstenabhänge erheben sich bis 20—30 m ü. d. M. Hafenplätze bilden nur die zur Fluthzeit mit kleineren Fahrzeugen erreichbaren Flussmündungen. Ähnlich der Winterküste ist die Insel Morschowets. (Tafel I; Fig. 2).

I.

Beobàchtungen.

1. Die Erosion des anstehenden Gesteines.

Oberflächengestaltung und präglaciale Erosion.

Die Landschaftsformen des Russischen Kareliens und der Halbinsel Kola zeigen im allgemeinen eine grosse Ähnlichkeit mit denen des mittleren und nördlichen Finnlands. Abgerundete Berge von Urgneissen und Schiefern oder alten Massengesteinen, Moränenhügel, Åsar, Sandfelder und Torfmoore wechseln mit einander ab, und dazwischen liegen zahlreiche Seen und kleine Gewässer zerstreut. Wenn man von den losen Bildungen absieht, wird man hier ein festes Gestein antreffen, welches in der Hauptsache dieselbe Oberflächengestaltung hat wie das Grundgebirge in den übrigen Theilen von Fennoskandia. Im grossen gesehen ist nämlich die Landschaft flach plateauartig, ein Peneplan, im einzelnen aber stark korrodiert und hügelig. In den Formen kommen die inneren Unterschiede der Tektonik und petrographischen Zusammensetzung der Berge nur in untergeordnetem Grade zum Vorschein. Äussere Ursachen, eine tiefgehende Erosion und Denudation, haben ein allenthalben herrschendes, gemeinsames Gepräge der Konfiguration geschaffen. Die urfrischen, von säkularen Verwitterungsprodukten gesäuberten Felsen und Berge zeigen die characteristischen abgerundeten Formen mit bestimmten moutonnierten Stoss- und schroffen Leeseiten.

Auffallende Ausnahmen von dieser Regel bilden nur die Nephelinsyenitmassive Umptek und Lujavr-Urt im Inneren der Halbinsel Kola und die Hochebene an der Terschen Ostküste. Die nach oben plateauartige Begrenzung jener Hochgebirge, häufig

von steilwandigen Thälern durchbrochen, erregt sofort die Auf-
merksamheit und mahnt zur Erforschung ihrer besonderen Ursachen [1]).

Was ferner das Küstenplateau im Osten betrifft, wird seine
ebene Form nicht von der Ausbreitung der Moräne, sondern davon bedingt, dass die steil stehenden Schichten von Schiefern und
Gneissgraniten durch eine Abrasionsebene quer abgeschnitten
worden sind. Dass diese ziemlich sicher bei der Transgression
der devonischen Sandsteinsablagerungen gebildet wurde, habe ich
schon früher ausgesprochen. [2]) Dieses Plateau geht nach Westen
in ein wellig hügeliges Peneplan über und ist dadurch mit den
mehr gebirgigen Theilen der Halbinsel ohne scharfe Grenzen verbunden.

Die Begrenzung der Halbinsel Kola ist ohne Zweifel durch
Verwerfungen entstanden. [3]) Im Osten geradlinig und zusammenhängend, geht sie nach Westen hin sowohl an der Eismeer-
wie an der Kandalakschaseite in Fjord- und Schärenküsten über.
Es ist zu bemerken, dass wir in denselben Gegenden, wo die
Küsten zerrissene Contouren zeigen, die höchste Landhebung nach
der letzten Eiszeit gehabt haben, während sie nach Osten hin
geringer gewesen ist. Da nun die engen Fjorde mit Sicherheit alte,
jetzt submarine Flussthäler sind, wird man auf den Gedanken
geführt, dass die Gebiete, die sich am meisten gehoben haben,
fortwährend doch noch am meisten gesenkt sind.

Sind nun, fragt man sich, die Oberflächenformen der festen
Erdrinde in den besprochenen Gegenden ein Werk des Inlands-
eises oder der präglacialen Erosion, und hat auch postglaciale
Erosion in bemerkenswerthem Grade die festen Gesteine ange-
griffen? Mir scheint es, dass man, abgesehen von einigen Fällen
von postglacialer Erosion und von der durch die Wirkungen der
Vereisungen zu Stande gekommenen gänzlichen Säuberung der
Felsen von säkularem Verwitterungsmaterial sowie der Abrundung

---

[1]) Fennia *II*, n:o 2. S. 7.
[2]) Fennia 3, n:o 5; *15*, n:o 4.
[3]) l. c.

und Furchung derselben, den Haupttheil der Erosionsarbeit in die präglacialen Zeiten zurückverlegen muss.

Zu den einzelnen Fällen von postglacialer Erosion im festen Gestein gehört erstens die von mir früher erwähnte Bildung kleiner V-Thäler im Nephelinsyenitgebiete. [1]) Weitere Beispiele liefern einige Bachrinnen auf der Insel Kildin und auf der Fischerhalbinsel, die erst nach der Durchgrabung der losen Bildungen der Eiszeit, in die feste Unterlage eingeschnitten werden konnten. Zu den Fällen von postglacialer Erosion wird man auch die Bildung von breiten Strandterrassen an den gegenwärtigen und früheren höher gelegenen Uferlinien rechnen müssen, die in einem anderen Abschnitt nähere Erwähnung finden werden.

Dass die Erosion in den Hochgebirgen Umptek und Lujavr-Urt zum grössten Theil präglacial ist, habe ich schon früher [2]) zu beweisen versucht, und überall auf der Halbinsel Kola und in Russisch Karelien scheint man Merkmale der Bodenkonfiguration vor der Eiszeit zu finden.

Sowohl grosse als kleine Thäler, deren Seiten Spuren von Gletscherwirkung aufweisen, haben allgemein einen von den Bewegungsrichtungen des Landeises unabhängigen Verlauf. Das gewaltige Imandrathal z. B. wurde vom Inlandseis quer überschritten, und auch die Flussthäler der Süd- und Ostküste, z. B. das Ponojthal, wurden von den Eismassen überquert. Nur auf der Nordseite der Halbinsel flossen die Gletscher mit den Fjorden und Thälern parallel, wie die Schrammen es noch bezeugen, aber daraus wird man eher den Schluss ziehen, dass die Eismassen sich in präexistierenden Thälern zu bewegen gezwungen waren, als dass sie diese selbst gegraben hätten.

Die Flüsse der Halbinsel Kola haben im allgemeinen nach einem verhältnissmässig ruhigen Verlauf im Inneren des Landes ihre grössten Wasserfälle und Stromschnellen in der Nähe der Küste. Von dieser Regel giebt es nun allerdings häufige Ausnahmen, aber man kommt doch zu der Auffassung, dass die älteren prä-

---

[1]) Fennia, *11*, n:o 2. S. 28.
[2]) l. c. S. 42.

glacialen Flussrinnen zum grössten Theil noch mit den Ablagerungen
der Eiszeit erfüllt sind, und dass die Flüsse erst in der Nähe der
Küsten alte, tiefer im Grundgebirge liegende Bette vorgefunden
haben. Dass diese alle präglacial sind, ist nun sehr wahrscheinlich,
und besondere Erwähnung verdienen in dieser Hinsicht zwei
prägnante und — wie es mir dünkt — beweisende Beispiele: die
unteren Läufe der Flüsse Ponoj und Tschapoma.

Der Ponoj durchfliesst in seinem unteren Laufe das erwähnte
Küstenplateau in einem tiefen, gewundenen, engen Thal mit steilen
Wänden. Dasselbe hat vor der Eiszeit existiert, denn die Gletscher
haben es überquert und mit Moräne erfüllt, welche der Fluss
wieder zum grössten Theil weggespült hat. Aus der Form des
Thales kann man auf seine Entstehung zurückschliessen.

Das Plateau, in welchem dieses Thal liegt, besteht nämlich
aus Grundgebirge und wird nach oben von einer alten Abrasions-
fläche begrenzt, auf welcher wohl mächtige, jetzt durch Erosion
abgetragene devonische Sandsteinsschichten sich ausbreiteten. Nun
hat das Flussthal einen gewundenen Verlauf, der, so weit ich es
beurtheilen konnte, vom Bau des Grundgebirges ziemlich unabhängig ist. Ebenso hat das Querprofil des Thales mit seinen steilen Wänden eine Form, welche im Grundgebirge angelegten Fluss-
thälern gewöhnlich nicht eigen ist. Vielmehr ähnelt es dem untersten Theil eines Cañon-thales, und man wird auf den Gedanken
geführt, dass die Rinne des Ponojflusses schon früher existierte,
als sie in das Grundgebirge eingesenkt wurde, d. h. dass der uralte
Ponoj-fluss sich eine schluchtförmige gewundene Rinne schon in
die Sandsteinschichten gegraben hatte, welche das Grundgebirge
überlagerten, und erst später das Grundgebirge mit diesem von
dem Bau desselben unabhängigen Verlauf erreichte und erodierte.
Als die devonischen Schichten abgetragen wurden, blieb der un-
terste im Grundgebirge gelegene Theil des Cañons zurück.

. Der Fluss Tschapoma fliesst in seinem unteren Laufe zwischen 30 bis 40 m hohen Wänden, die bis ca. 6 km von der
Mündung aus Sandsteins- und Schieferschichten und höher thal-
aufwärts aus Gneiss und Gneissgranit bestehen. 10 km vom Dorfe

stürtzt der Fluss mit einem ca. 20 bis 25 m hohen imposanten Wasserfall in die Schlucht hinein. Oberhalb desselben fliesst das Gewässer auf einem plateauartigen Untergrund von Grundgebirge zwischen niedrigen Ufern von Moräne. Nun kann man sich kaum vorstellen, dass derselbe Fluss, welcher oberhalb des Wasserfalles nur eine unbedeutende Erosion auf den festen Boden ausgeübt hat, von dieser Stelle abwärts in postglacialer Zeit die grossartige Schlucht zu bilden vermocht hätte. Es liegt näher zur Hand anzunehmen, dass der Fluss beim Wasserfall eine alte präglaciale Flussrinne angetroffen hat. Eine Bestätigung dieser Annahme findet man darin, dass auch die Schlucht hier nicht endigt, sondern nordwestlich vom Wasserfall ihre jetzt trockenliegende Fortsetzung hat, die doch bald von Moräne abgesperrt wird.

Gletscherschliffe.

Die glaciale Erosion hat in erster Linie die Rundhöckerformen der Berge und die Gletscherschliffe auf denselben geschaffen. Im Gebiete meiner Untersuchungen sowie in angrenzenden Gegenden, welche sich auf der beigefügten Karte (Fig. 1) eingezeichnet finden, sind folgende Beobachtungen über die Richtungen der Schrammen bekannt:

Am Warangerfjord.

Næsseby	W — E	Reusch. [1]
Wadsö	N80°W	Strahan. [2]
»	N55°W	»

*Am Tulomafluss und am Kola-
fjord.*

Kamenucha an der Tuloma 20 km		
von Kola	S86°W	Böhtlingk. [3]
Bei Kola, am linken Ufer der Tuloma	S60°W	»

[1] Det nordlige Norges geologi. Kristiania 1892. S. 30.

[2] Q. J. G. S. 53. 147.

[3] Mém. de l'acad. S:t Pétersbourg 14. N:o 7. Anhang. S. 131—134.

Fig. 1.

Bei Kola, Lukinskaja Pachta . . .	S30°W	W. Ry.
» » Wasserfall	S8°W	»
Mys Jeloff.	S8°W	»
Mys Choldjejeff, Kreuzschrammen .	{ S7°E { S35°W	J. E. A.
Abramovaja Pachta	S—N	W. Ry.
Mys Rjätinskij	S60°W	»
Salnij, Insel	S10°W	»
» Festland	S8°W	»
Bolschoj Olenij	S15°E	»
Medweschij	S19°W	Böhtlingk.
Tschelnij, Kreuzschrammen. . . .	{ S7°W { S38°W	W. Ry.

An der Murmanküste.

Warjema	{ S7°W { S7°E	Böhtlingk. »
Stolbovoje Stanovischtsche. . . .	S22°W	»
Petschenga, Mündung des Fjordes .	S22°W	»
Malaja Wolokovaja (Matinvuonno), am Fusse der 600—700′ hohen Granitfelsen	{ S15°W älter { S7°W jünger	» »
Fischerhalbinsel, Kutovaja	S75°W	W. Ry.
» »	S67°W	Böhtlingk.
» Srednij Poluostr. .	S65°W	W. Ry.
» Subovskaja . . .	S2°5W	J. E. A.
Am Nordostufer des Fjordes Bolschaja Motofska	S30°W	Böhtlingk.
Malaja Motofskaja Guba W. Ende,		
ältere.	S7¹/₂°W	»
jüngere	S3°E	»
Titofka, am inneren Ende des Fjordes	S25°W	J. E. A.
» an der Mündung des Fjordes	S30°W	Böhtlingk; W. Ry.

Tschornaja Pachta, E von Guba Wit-		
schana	S26°W	Böhtlingk.
Inselchen N von Schalim, Urafjord	S53°W	»
Auf den Bergen gegenüber Kildin	S30°W	»
Am Ufer » »	W—E	»
Bei der Mündung des Woronjeflusses	S5°W	W. Ry.
Gavrilovo, im Hafen	S10°W	»
» , auf den Bergen. . . .	S30°W	»
Kekora, auf den Bergen	S45°W	»
» , am Ufer	S50°W	»
Zwischen Schubina und Baryschicha	S60°W	Böhtlingk.
Östlich von Baryschicha.	S34°W	»
Mys Tschegodajeff.	S45°W	W. Ry.
Der Insel Charloff gegenüber. . .	S42°W	Böhtlingk.
Charlofka, auf den Bergen. . . .	S25°W	W. Ry.
» , im Thal	S—N	»
Semiostrofsk, auf dem Bergen .	S25°W	»
» am Ufer	S15°W	»
Litsa, auf den Bergen	S25°W	»
» am Ufer	S50°W	»
Karabelnaja, auf den Bergen . . .	S49°W	Böhtlingk.
Kruglaja guba	S30°W	»
Warsinsk	S25°W	W. Ry. J. E. A.
Drosdofka, auf den Bergen . . .	S25°W	J. E. A.
» an der Flussmündung .	S5—10°W	»
Jokonsk, Stosseite der Felsen. . .	S45°W	W. Ry.

An der Terschen Küste.

Auf den Lumboff-inseln.	S60°W	Böhtlingk.
	S13°W	»
Auf der Insel Gorjäinoff	S7½°E	»
	S34°W	»
Ponoj, Karabelnaja an der Mündung		
des Fjordes	S—N	W. Ry.
Kusminskaja.	S10°W	W. Ry.

Sosnovets	S37°W	Böhtlingk.
Pulonga, an der Mündung. . . .	S60°W	»
Pjalitsa	S55°W	W. Ry.
Strelna, ältere Schrammen	S30°W	Böhtlingk.
» jüngere »	S75°W	»
Kulovo, 8 km E von Tetrina · . .	W—E	W. Ry.
7 km W von Tetrina	N80°W	»
Tschavanga	N80°W	»
»	N82¹/₂°W	Böhtlingk.
Kusrjeka	N55°—60°W	J. E. A.
	N20°—30°W	»
Turja	N60°W	Böhtlingk.

An der NE-Seite des Golfes von Kandalakscha.

	N8°W	J. E. A.
Umba, an der Flussmündung. . .	N10°E	»
	N25°E	»
» , 3 km östlicher	N30°E	»
Pilskija Ludy, 7 km W von Umba	N15°W	»
Porja Guba	N30°—35°W	»
Kandalakscha, auf den Inseln im		
Fjorde	N55°W	W. Ry.
» W. vom Dorf	N50°W	»
» auf dem Wolosna . . .	N80°W	»

Im Inneren der Halbinsel Kola.

Woroninsk	S20°E	W. Ry.
Nordende des Umpjavr	N—S	»
Auf den Inseln im Kanosero. . .	N30°—40°W	»

An der Westküste des Weissen Meeres.

Inselchen gegenüber Nitschefskaja,		
südlich von Knjäscha.	N60°W	W. Ry.
Kovda	S85°W	»
Scharapoff.	S68°W	Böhtlingk.

Gridina	S60°W	Böhtling.
20 km nördlich vor Kalgalakscha .	S52½°W	»
9 » » » » .	S56°W	»
Insel Feres an der Mündung von		
Kalgalakscha	S71°W	»
Ponjga Navolok.	$\{$N75°W	»
	S75°W	»
Insel bei Studenskoj Navolok. . .	N54°W	»
Bei der Stadt Kem	N48°W	»
Auf der rechten Seite der Bucht		
bei Kem	N52°W	»
Bei Kem	N55°—60°W	J. E. A.
Suma	N60°W	W. Ry.
Korovija Ludy, E von Suma. . .	N45°W	»
Uneschma	N35°W	»

Nach Inostranzeff[1]) ist die Richtung der Schrammen auf den Felsen in der Onega-Bucht NW—SE.

In Russisch Karelien.

Koutajärvi (Kovdosero), Inseln . .	W—E	W. Ry.
Soukelo.	N80°W	»
Päänuorunen	W—E	V. Hackman.
Südostende des Sees Tuoppajärvi,		
NE-Ufer, 5 km von Kuorislaks .	N78°W	Rosberg. [2])
Südostende des Sees Tuoppajärvi,		
NE-Ufer, 10 km von Kuorislaks.	N80°W	»
Dorf Haikola.	$\{$N74°W	»
	N68°W	»
	N55°W	»
Juumakoski im Kepajoki	$\{$N71—74°W	»
	N84°W	»
	N62°W	»
	N45°W	»

[1]) Тр. С. П6. Обш. Естеств. з. 165.

[2]) Fennia 7, n:o 2.

Domnanwirta im Tschirkkakemijoki	$\begin{cases} N75^0-80^0W \\ N45^0W \\ N82^0W \end{cases}$	Rosberg. » »
Insel in Koivuniemenjärvi	N35°W	»
Lammaswaara in der Nähe des Dorfes Tschirkkakemi	$\begin{cases} N88^0W \\ S85^0W \\ S67^0W \end{cases}$	» » »
Dorf Rukajärvi	N55°—60°W	»
Bajarisenjärvi bei Marjovaara . . .	$\begin{cases} W-E \\ N80^0-82^0W \\ N58^0W \end{cases}$	» » »
Bajarisenjärvi, Südufer	N71°W	»
Syvälampi zwischen Rukajärvi und Ondajärvi	N68°W	»
Hännikäisvaara	N70°W	»
Soroka [1])	N70°—80°W	
Wygostroff	N78°W	»
ca. 10 km S von Wygostroff . .	N60°—65°W.	»
3 km N von Parandova	N34°W	»
Nadvoitskij	N30—40°W	»

In Finnland.

Kuusamo, Maanselkä.	N57°—58°W	N. Nordenskiöld. [2])
» Jussilamminvaara . . .	N70°—75°W	»
» S von Paanajärvi . . .	N84°W	»
» Sammakkovaara. . . .	N73°W	»
» Hukkavaara beim Suinkijärvi	N68°W	»
» W von Maanselkä. . .	N54°W	»
Enare, Nuareniark	S35°W	Solitander. [3])

[1]) Fennia 14, n:o 7.
[2]) Acta Soc. Sc. Fenn. 7. 505.
[3]) Bergstyrelsens tjensteberättelser. 1878. S. 39.

Enare, S vom Nitschajäyri Kreuz- $\begin{cases} S38^\circ W \\ S18^\circ W \end{cases}$ Solitander,
    schrammen . . . . . .   »

  » am Kyynelvuonno . . . . $\begin{cases} S38^\circ\!-\!40^\circ W \\ S49^\circ W \end{cases}$ »
                        »

Utsjoki, Harimatschok bei Puol-
mak . . . .   S45°W   Jernström, [1]

[1] Bidr. till känned. af Finl. N. o. F. 21. 1874.

2. Die quartären Ablagerungen.

Moräne.

Über die Bildungen der Eiszeit in Nordrussland liegen
schon zahlreiche ältere werthvolle Mittheilungen vor, worauf ich
in der Einleitung die Gelegenheit hinzuweisen hatte. Ich will
dieselben durch meine Beobachtungen vervollständigen und eine
Übersicht von dem Auftreten der verschiedenen losen Ablagerungen zu geben versuchen.

1. Was nun erstens den Glacialschotter auf der Halbinsel
Kola betrifft, findet man beim Übersteigen des Niveaus, welches
das Meer nach den Vereisungen des Gebietes erreicht hat, dass
die unveränderte Grundmoräne das feste Gestein mit dünneren
oder dickeren Schichten verhüllt. In den Flachländern und Thälern ziemlich mächtig und zusammenhängend, bildet sie auf den
Bergen eine ganz dünne Decke, durch deren zahlreiche Risse das
entblösste Gestein zu Tage tritt. Wo die Moränenlager dick sind,
befinden sich die grossen Blöcke in feinerem Material eingebettet,
wo sie unbedeutend sind oder ganz fehlen, liegen diese neben
einander ohne alle Ordnung auf der Oberfläche zerstreut. Man
sieht dies besonders deutlich an der waldlosen Murmanküste. (Taf.
I. Fig. 1). Die eigentliche Moräne besitzt hier keine bedeutende
Mächtigkeit, sondern besteht fast mehr aus einer Unzahl grösserer
und kleinerer Blöcke und Geschiebe, die neben und über einander,
oft auf ziemlich steilen Abhängen, zerstreut worden sind.

Während diese Ablagerungen auf der Nordseite der Halbinsel
so dünn sind, wird die Tersche Küste von Turja bis Ponoj von
einer sehr mächtigen zusammenhängenden Moräne bedeckt, die

sandig-thonig, oft lehmig knetbar ist, und ausser krystallinischen
Blöcken, die sonst ausschliesslich in Russisch Lappland auftreten,
grosse Mengen von Sandstein und Thonschiefer, enthält. Mehr
sandig als thonig ist hingegen die Moräne im Westen und Inneren der Halbinsel. Ihre Mächtigkeit nimmt im allgemeinen von
Westen nach Osten und Norden ab.

Nur auf den aller höchsten Theilen der Halbinsel Kola, auf
den obersten Partieen der Gebirge Umptek und Lujavr-Urt, findet man keine Moräne. Diese hört schon bei 400 bis 600 m
Höhe auf, und auf den Hochplateauen kommen fremde Blöcke
gar nicht vor oder sind doch sehr selten. [1]) Im Gegentheil wird hier
alles von durch Frostspaltung gebildeten Nephelinsyenitblöcken
bedeckt, die grössten Theils fast noch *in situ* sich befinden. Die
Ursache hierzu ist vielleicht darin zu suchen, dass keine mächtige
Eismassen die Gipfel dieser Hochgebirge übergingen.

Wallartige Aufstauungen des Moränenmaterials sind auf der
Halbinsel Kola mehrfach beobachtet worden. Die bedeutendsten
sind die Endmoränen, welche einige in die Fjorde der Nordküste
einmündende Thäler absperren. Eine solche ist der schon an
anderem Ort beschriebene [2]) plateauartige, 85 m hohe Solovareka
südlich von der Stadt Kola. Ähnliche Endmoränen traf ich bei
der Bucht Srednij östlich vom Kolafjord an. Ein ca 50 m hoher
Wall auf der Nordseite der Mündung trennt die Bucht vom
Fjorde. Ein anderer ca 70 m hoher erhebt sich nördlich von ihm.
An ihrem inneren Ende dämmt eine ca. 40 m hoher Moränrücken
den See Domaschnoje Osero auf, und dieser wird noch durch einen
quer über das Thal laufenden, nach oben plateauartigen, 73 m hohen
Geschiebegruswall vom See Tschukosero getrennt. — Eine wall-
förmige, plateauartige Bildung scheint auch das innere Ende des
Titofkafjordes zu begrenzen.

Im Inneren der Halbinsel sah ich beim See Rypjavr zwischen Kola und Woroninsk zwei parallele, ungefähr 200 m von

---

[1]) Bis zu 900 m über dem Imandra auf Rabots Spitze gesehen. Siehe auch
Fennia *11*, n:o 2. S. 34.

[2]) Fennia *3*, n:o 7. S. 28.

einander entfernte, 10—15 m hohe Moränenwälle ein Paar km in der Richtung N75°W streichen. Andere Wälle beobachtete ich an den Quellen des Flusses Drosdofka sowie südlich vom Lujavr-Urt.

Etwas westlich von Umba traf Ailio einen grossartigen Geschieberücken an, welcher von dort ca. 100 km nach NNW sich erstrecken soll. Er beabsichtigt dieses Gebilde künftig näher zu beschreiben.

2. Westlich vom Weissen Meere in Russisch Karelien und an der Pomorschen Küste breitet sich nach Inostranzeff,[1] Miklucha-Maklay [2]) und Rosberg [3]) eine meistens sandige Moräne aus, welche aus Grundgebirge und krystallinischen Gesteinen entstanden ist. Wallartige, quer zu den Bewegungsrichtungen des Inlandeises liegende Anhäufungen von derselben oder geröllegrandähnlichem Material hat Rosberg zwischen dem Weissen Meere und der Grenze Finnlands näher studiert. Desgleichen erwähnt Inostranzeff gewaltige Geschiebe- und Geröllegrandstauchungen südlich von der Onega-Bucht. Der erstere glaubt die mögliche Fortsetzung des »Salpausselkä» unter diesen Bildungen zu sehen.

3. Über die Solovetskie-Inseln belehren uns die inhaltsreichen Schilderungen von Inostranzeff, [4]) dass sie aus lauter Geschiebematerial bestehen. Er unterscheidet dabei zwei Abtheilungen der Moräne, eine untere graue und eine obere rostgelbe. Man sieht sie auch sehr deutlich in den zahlreichen Einschnitten an den vortrefflichen Wegebauten der Mönche, und ich machte bei meinem Besuche auf diesen Inseln folgende mit Inostranzeffs Angaben übereinstimmende Beobachtungen. Die untere Moräne ist sehr hart, man kann senkrechte Wände in dieselbe hineingraben, ihr Material ist etwas thonhaltig, und an der Oberfläche der nur an den Kanten abgerundeten Blöcke haftet lehmiger Sand und Detritus. Die obere gelbliche Moräne scheint mir mehr thonfrei und locker zu sein; sie enthält eine grössere Anzahl abgerundeter

[1]) Тр. С. Пб. Обш. Естеств. 2. 1; 3. 165.

[2]) Verh. Min. Gesellsch. Petersburg 26. 431; 29. 189.

[3]) Fennia 7, n:o 2; 14, n:o 7.

[4]) Тр. С. Пб. Обш. Естеств. 3. 242.

Steine, die meistens eine reingewaschene Oberfläche zeigen. Ich glaube, dass ein Theil dieser oberen Moräne vielleicht alte innere Moräne ist, die auf der unteren festeren Grundmoräne ruht, zum grossen Theil aber scheint sie mir keine ursprüngliche, sondern durch Meeresbrandungen bearbeitete Moräne zu sein.

Das Moränenmaterial auf den Solovetskie-Inseln bildet mehrere Rücken, die nach Jnostranzeff in der Richtung N—S streichen.

4. Auf der Onega-halbinsel wird das feste Gestein mit Ausnahme einiger spärlichen Ausgehenden von devonischen Schichten von quartären Ablagerungen vollständig verhüllt. Auf den Thalböden und den Tiefebenen begegnet man blockfreiem Thon und Sand, alle Anhöhen und Hügel sind dagegen von einem an Blöcken und Grand sehr reichen Thon gebildet. An den wenigen Stellen, wo ich die Gelegenheit hatte frische Profile zu sehen, zeigte dieser Thon keine Schichtung. Die Blöcke in ihm sind nicht so abgerundet wie Geröllsteine, mehrere von ihnen sind geritzt. Es kann nichts anderes als Moränenthon (Geschiebelehm) sein, obgleich er von den sandigen Moränen auf der Kolahalbinsel und westlich vom Weissen Meere gänzlich verschieden ist. Die abweichende Beschaffenheit hat wohl ihre Ursache darin, dass diese Ablagerung zum Theil aus den devonischen Schichten, die hier — wie z. B. bei Kianda — sehr thonreich sind, zum Theil aber aus präglacialen und interglacialen Sedimenten im Becken des Weissen Meeres gebildet worden ist. Es sollte mich gar nicht wundern, wenn man in diesem Thon auch Reste von marinen Mollusken finden würde.

Die blockfreien Thone, die am Fusse der Anhöhen vom Moränenthon liegen und die Thalmulden erfüllen, sind jünger als dieser, und auf ihm abgelagert.

Ausser diesem Geschiebelehm, welcher den überwiegenden Theil der Onegahalbinsel bedeckt, kommt auch sandige Moräne vor. Sie bildet nämlich die grossen Höhen östlich von der Stadt Onega und die oberen Partien der bedeutenden Erhebungen südlich von Tamitsa und Kianda. Die »Ljätnija Gory« auf der Nord-

ostseite der Halbinsel sind auch grand- und sandreicher als die
Umgebung.

5. Das Dwinagebiet. Wenn man von der Onegahalbinsel nach dem Dwina-Delta hinunterfährt, kommt man auf sandige und thonige, geschichtete Sedimente, die indessen ein sehr
niedriges Gebiet einnehmen. Alle Höhen, die sich hier schon über
15 bis 20 m erheben, bestehen aus blockführendem Thon, z. B. die
Hügel zwischen den Stationen Tabor und Rikosicha. Dasselbe
findet man auch bei Isakogora, der Hauptendstation der Eisen-
bahn nach Archangelsk. Sie liegt ca. 20 m ü. d. M. auf thon-
reicher Moräne, deren wahre Natur in den Profilen der Eisen-
bahn deutlich zu sehen ist.

Abgesehen von den zahlreichen und grossen Morästen,
durchläuft diese Bahn, wenigstens im Archangelschen Gouvernement und in den angrenzenden Theilen des Wologd'schen eine
kleinhügelige Landschaft, aus thoniger Moräne mit einer Unmasse
krystallinischer Blöcke bestehend. Einige hier auftretende Ablagerungen von grobem, geschichtetem Sand scheinen mir supra-
marine »Hvitå»-Bildungen zu sein.

Im Tieflande der unteren Dwina unterscheidet Amalitsky[1])
folgende Schichten von oben nach unten gerechnet:

a) rothbraunen und gelben Blocklehm, zuweilen mit Bruch-
stücken von Meeresmuscheln und Geschieben mit Gletscherschliffen;

b) geschichteten Sand mit Zwischenschichten von verschieden-
farbigen Thonen, und

c) dunklen, sandigen Thon mit nur einzelnen spärlichen Geröllen aus krystallinischen Gesteinen und mit einer Menge schön
erhaltener Meeresmollusken.

Offenbar liegt hier eine Überlagerung von Moränenthon
auf marinen Sedimenten vor.

Bei meiner Fahrt von Archangelsk nach Ust-Pinegi sah ich
vom Dampfer aus beim Dorfe Lomonosofka, dass die oberen
Schichten des 12—20 m hohen Flussufers grosse Blöcke von kry-

---

[1]) Пр. Варш. Общ. Естеств. N:o 3. Годъ VII.

stallinischen Gesteinen enthalten. Solche, die bei der Erosion ausgewaschen worden sind, liegen in Menge am Strande. Die unteren Lager schienen dagegen blockfrei zu sein.

Auf beiden Seiten des Dwinaflusses bei Ust-Pinegi traf ich
feingeschichteten, etwas thonhaltigen Sand mit zahlreichen quartären Muschelschalen an. Auf diesem Sedimente sah ich auf der
rechten Seite des Flusses ca. 1 $\frac{1}{2}$ km nördlich von Ust-Pinegi
blockreiche thonige Moräne ruhen. Mehrere von den Steinen
derselben, die zum grossen Theil krystallinischen Ursprungs waren, zeigten Riefen.

Am Boden des breiten Pinega-Thales zwischen der Dwina
und der Stadt Pinega, welches früher das Bett eines bedeutenderen
Flusses war, liegt an mehreren Stellen Flussgerölle. Auf beiden
Seiten erheben sich aber Höhen, die mit block- und grandreichen
Ablagerungen, nach meiner Meinung Moräne, bedeckt sind.

6. An der Winterküste kann man zwei Abtheilungen
von quartären Ablagerungen unterscheiden. Die untere besteht
aus fein- bis mittelkörnigem Sande mit häufigen Diskordanzen in
seiner Schichtung, die obere aus Geschiebelehm. Dieser bildet
eine Decke, die von Simnaja Solotitsa nach Norden hin im grossen
gesehen dünner wird, überall doch eine sehr wechselnde Mächtigkeit und unregelmässige Grenzfläche gegen den darunterliegenden
Sand zeigt. Bisweilen geht diese Moräne bis an's Meeresniveau
herunter, bisweilen findet man sie hoch oben auf dem Sand, dann
wieder fehlt sie ganz, sodass der geschichtete Sand allein die
Hügel bildet.

Die Landschaft östlich vom Weissen Meere zeigt eine wellig
hügelige von Morästen und Seentümpeln erfüllte Oberfläche. Überall wandert man hier auf einer blockführenden losen Ablagerung,
der Moräne.

Eine ähnliche Zusammensetzung wie die der Winterküste hat
die Insel Morschovets, unten an den Steilufern geschichteter
Sand und oben die Bedeckung mit Moräne. Die Oberfläche der
Insel ist hügelig uneben, mit zahlreichen Teichen, Pfützen und
Sümpfen bedeckt.

Überhaupt sind die Süd- und Ostküsten des Weissen Meeres, welche auf der geologischen Übersichtskarte von Russland [1])
als von der »Transgression boreale marine» überschritten bezeichnet sind, oberflächlich zum grössten Theil mit Moräne bedeckt,
wenn man von den noch jüngeren Torfbildungen absieht.

Geröllegrand. Åsar.

Neben der Moräne trifft man in dem untersuchten Gebiete
auch viel Geröllegrand an. An mehreren Orten, welche nach
der Eiszeit vom Meere überschwemmt wurden, scheinen Grand
und Gerölle als Uferbildung aus dem Geschiebegrus entstanden zu sein. An anderen Stellen hat man mit echten fluvio-
glacialen Bildungen von der Abschmelzungszeit des Inlandseises
zu thun. Dies ist besonders der Fall mit den in Form von »Åsar»
angehäuften Geröllen, Grand und Sand. Durch Inostranzeffs [2])
Untersuchungen ist uns ihr Vorkommen zwischen dem Onega-See
und dem Weissen Meere bekannt. Ich möchte zu seinen Angaben
noch folgende Beobachtungen hinzufügen.

Beim Dorfe Kuscherjeka südwestlich von der Onega-Bucht
beginnt ein von NW nach SE streichender Ås, welchem der
Weg nach dem Dorf Maloschujka 11 km folgt, der aber nach SE
sich noch weiter fortsetzt. Er ist schmal und scharf mit mehreren
Erhöhungen entwickelt, die sich bis zu ca. 50 m über das Meer
erheben.

Auf der Südwestseite des Golfes von Archangelsk im Dorfe
Nenoksa steht die höher belegene Kirche auf einer ca. 40 m ü.
d. M. sich erhebenden Partie eines Geröllegrand-Åses.

Weiter hat Rosberg [3]) zahlreiche Åsar in Russisch Karelien
beobachtet und beschrieben.

Auf der Halbinsel Kola habe ich hingegen keine solchen
Gebilde angetroffen, wohl aber andere Formen von Geröllegrand-
ablagerungen aus der Abschmelzungszeit des Landeises. An der

---

[1]) Carte géologique de la Russie. 1892.
[2]) Тр. С. Пб. Общ. Естест. 2.1. und 3. 165.
[3]) Fennia 7, n:o 2; 14, n:o 7.

Murmanküste sind nämlich die Mündungen mehrerer der Flüsse
von hohen aus Flussgerölle und -grand bestehenden Deltaterrassen
umgeben, z. B. Rynda, Charlofka, Warsina. Jene haben sich
natürlich bei einer früheren Landsenkung gebildet, und wahrscheinlich bei der Abschmelzung des Landeises, als die Flüsse wasserreicher und kräftiger als gegenwärtig waren. Dies scheint besonders mit mehreren solchen grossen Deltabildungen der Fall sein
zu müssen, die jetzt nur von kleinen Bächen durchzogen sind, z.
B. bei Teriberka, in Pustaja Guba bei Portschnicha, bei Kekora,
etc. Sicher ist es so in manchen von solchem Geröllegrand erfüllten
Thälern zwischen den Bergen zugegangen, wo jetzt kein Gewässer fliesst, oder wo das obere Ende durch Felsen abgeschlossen
ist, so dass nur ein von einer höher gelegenen Eisdecke kom-
mender Fluss sich darüber ergiessen konnte. Als Beispiele hierzu
sind einige Ablagerungen bei Kekora, Buschorin, Baryschicha und
Luschky, in der Nähe von Rynda zu nennen.

Auch auf der moränenbedeckten Südseite der Halbinsel kommen an den Flüssmündungen grosse hohe Deltabildungen vor, für
deren Entstehung ich geneigt wäre wasserreichere (Schmelzwas-
ser-) Flüsse vorauszusetzen, als die gegenwärtigen, z. B. bei Sosnofka, Pjalitsa und Tschapoma.

Blocktransport.

Eine besondere Aufmerksamkeit habe ich der petrographischen Beschaffenheit der erratischen Blöcke gewidmet um Auf-
schlüsse über die Bewegungsrichtungen des Landeises zu gewin-
nen. Einen sehr günstigen Umstand für derartige Beobachtungen
bietet nämlich das Vorkommen des von Hackman und mir untersuchten Nephelinsyenitgebietes im Inneren der Halbinsel Kola [1])
sowie auch das Auftreten des characteristischen Granathornblendeschiefers in der Umgebung von Kandalakscha. [2]) Ferner er-
wartete ich an den Küsten des Weissen Meeres Findlinge vom

---

[1]) Fennia *11;* n:o 2; *15,* n:o 2.
[2]) Fennia *15;* n:o 4.

Iiwaara [1]) in Kuusamo und von dem Cancrinitsyenit [2]) in Kuolajärvi anzutreffen. Die wichtigsten Ergebnisse dieser Untersuchungen sind folgende.

Die Fischerhalbinsel, welche aus jüngeren Sedimentgesteinen
besteht, ist bis auf ihre höchsten Theile hinauf mit Blöcken von
Gneiss und Gneissgranit bestreut, Gesteinen, welche die Berge
der gegenüberliegenden Küste bilden. So habe ich auf dem
Srednij Poluostroff ca. 350 m ü. d. M. Blöcke von den Dimen-
sionen 3 m × 2 m × 1,25 m und 3 m × 2 m × 2 m gemessen.

Die aus Sandstein bestehende Insel Kildin ist ebenfalls mit
Blöcken aus dem Grundgebirge besäht.

Auf dem gegenüberliegenden Festlande, zu beiden Seiten
des Kolatjordes, findet man dagegen keine Blöcke von der Fischerhalbinsel und der Insel Kildin, sondern nur solche, die aus
dem Grundgebirge herstammen, hauptsächlich Granit, Gneissgranit,
Gneiss und Diorit. Bei der Stadt Kola z. B. sammelte ich
Hornblende- und Glimmergneiss, Gneissgranit, Granit mehrerer
Arten, Gabbro, Diabas, Hornblende-, Chlorit- und Glimmerschiefer,
alles Gesteine, die im Inneren der Halbinsel, südlich und südwestlich von der Stadt vorkommen.

Unter den Inseln im Kolafjord befindet sich eine mit dem
Namen Sedlovatoj. Auf ihr konnte ich ebensowenig wie auf
den anderen eudialytführende Gesteine (Nephelinsyenit) entdecken.
Die alten Angaben [3]) über Eudialyt von Sedlovatoj im Archangelschen Gouvernement beziehen sich ganz gewiss nicht auf diese
Insel, sondern auf eine gleichnamige in der Nähe des Dorfes Umba
auf der Südseite der Halbinsel Kola.

Bei Gavrilovo, Portschnicha (Pustaja Guba), Kekora, Rynda
und Solotaja Guba bestanden die Findlinge aus Hornblende- und
Glimmergneiss, Granit, alten und jungen Diabasen und Diabasporphyrit, die alle an diesen Orten oder in ihrer Nähe anstehen.

---

[1]) G. F. F. *13*. 300.
[2]) Bull. Com. géol. Finlande. N:o 1.
[3]) v. Kokscharoff, Materialien für die Mineralogie Russlands. *N*. 29.

Ausserdem fand Ailio bei Kekora ein Stückchen rothen Sandsteines 50 m ü. d. M. (unterhalb der marinen Grenze).

Am Vorgebirge Mys Tchegodejeff der Insel Charloff gegenüber traf ich in der Moräne Blöcke aus dem Gebirge Lujavr-Urt, nämlich sowohl eudialytfreien als eudialytführenden Lujavrit, an. Die Hauptmasse der Findlinge bestand aus Gneissgranit, Gneiss, krystallinen Schieferarten und Diabas.

In der Umgebung von Charlofka stossen wir auf spärliche Blöcke von Lujavrit und Chibinit. [1]) Die Hauptmasse der Steine der Moräne bilden Granit, Gneissgranit, Glimmer- und Hornblendegneiss, Diabas und Diabasporphyrit, alle in der Nähe anstehend.

Beim verlassenen Fischerplatz Semiostrofsk kamen Nephelinsyenitblöcke verhältnissmässig reichlich vor (0.5 °/o—1 °/o aller Steine), sowohl Lujavrit als grobkörniger Chibinit. Die Hauptmasse der Findlinge ist gleich zusammengesetzt wie bei Charlofka.

Bei Litsa trafen wir ziemlich viel Lujavrit an und ausserdem Gneissgranit, Gneiss verschiedener Art und Diabas an.

In der Nähe von Warsinsk fanden wir nach langem Suchen einige kleine Scherben von Lujavrit und Chibinit. Sonst bestanden die Blöcke aus Granit, Diabas, Hornblendeschiefer und Amphibolit.

Bei Jokonsk konnten wir (Bergroth und ich) trotz langem und emsigem Suchen über ausgedehnte Areale hin keine Nephelinsyenitblöcke in der Moräne entdecken. Ebensowenig hat Bonney [2]) solche unter den von Feilden hier eingesammelten Proben bestimmt. Nach ihm kommen hier verschiedene röthliche Granite, Gneiss und Sandstein vor. Ausserdem fand ich hier zahlreiche Blöcke von einem feldspathreichen krystallinen Schiefer mit grossen garben- und sternförmigen Ausscheidungen von Strahlstein.

In der Moräne, welche das Küstenplateau bei Ponoj bedeckt, ist der Haupttheil der Blöcke Granit, Gneissgranit, Hornblende-

[1]) Über diesen Namen siehe Fennia *15*, n:o 2.

[2]) Q. J. G. S. *52*. 74**2**.

und Chloritschiefer, welche die anstehenden Gesteine der Gegend bilden. In sehr grosser Menge findet man auch rothen und grauen Sandstein, der auch in der Nähe als Muttergestein vorkommt, und ziemlich allgemein sind Blöcke aus dem Nephelinsyenitgebiet, und zwar so abgelagert, dass man auf der rechten Seite des Flusses überwiegend Lujavrit, auf der linken Chibinit antrifft. Auch sah ich einzelne Repräsentanten des Granathornblendeschiefers von der Kandalakschagegend und eines Porphyrgranites, demjenigen bei Umba sehr ähnlich.

An der ganzen Süd- und Ostküste von Ponoj bis nach dem Vorgebirge Turja enthält die erwähnte mächtige Moräne zum überwiegenden Theil Blöcke aus dem nächstliegenden Grundgebirge, dann aber auch Sandstein in grosser Menge und überall Nephelinsyenitblöcke, nämlich an folgenden von mir besuchten Orten:

bei Kusminskaja, 10 km von Ponoj, grobkörnigen Chibinit aus dem Umptek;

bei Sosnofka Blöcke aus dem Umptek, grob- und mittelkörnige Varietäten;

bei Babja eine typische Blocksammlung aus der Umgebung des Sees Umpjavr, nämlich grob- und mittelkörnigen Chibinit, Umptekit und Lujavrit verschiedener Art;

bei Pjalitsa Chibinit;

bei Tschapoma Chibinit in der Moräne, wenigstens noch 10 km vom Dorfe flussaufwärts, Lujavrit im Flussgerölle. Hier wurde eine Steinrechnung mit folgendem Resultat von Bergroth ausgeführt (1,200 Steine gerechnet);

Granite, Gneisse und krystalline Schiefer . .	70.0 %
Granathornblendeschiefer	1.5 »
Gabbros und Diabase	2.5 »
Junge Augitporphyrite, basaltähnlich. . . .	0.1 »
Nephelinsyenit.	0.9 »
Sandstein.	25.0 »
	100.0 %

bei Strelna Chibinit;

bei Tschavanga in der Moräne Chibinit, im Flussgerölle auch Lujavrit.

Bei Kusomen ist alles mit Dünensand verdeckt, bei Warsuga aber sind Chibinitblöcke häufig in der Moräne, sowie Lujavritblöcke auch im Flussgerölle.

Bei Karabli, Kaschkarentsy, Salnitsa, Olenitsa, Kusrjeka und Turja hat Ailio in der Moräne Nephelinsyenitblöcke sowohl aus dem Umptek wie aus dem Lujavr-Urt gefunden, bei Umba und Porja Guba nur Chibinit. Dass Eudialyt (in Nephelinsyenit) auf der Insel Sedlovatoj gefunden worden ist, war schon längst bekannt. Auf dem oben erwähnten Moränenrücken westlich von Umba (S. 31) fand Ailio unter anderen Blöcken den in einem früheren Aufsatze beschriebenen Phonolittuff.

In der Umgebung von Kandalakscha traf ich mit Ausnahme eines Sandsteingerölles (an der Oberfläche ca. 50 m ü. d. M.) nur Blöcke aus den auch in der Nähe anstehenden Gesteinen.

Ebenso kommen auf der Strecke Kandalakscha—Sascheika —Bjälaja Guba (am Imandra) lauter gewöhnliche Blöcke des Grundgebirges vor. Bei Rasnjark fand ich dagegen viele Chibinitblöcke, und noch zahlreicher waren sie auf den Landengen zwischen Imandra und Peresjavr und zwischen ihm und Kuollejavr. Weniger häufig sind sie zwischen Kuollejavr und Puljavr, und nördlich vom Murtjavr kommen sie im Kolathal nicht mehr vor.

Im Inneren der Halbinsel Kola habe ich ausserdem Chibinitblöcke an den Ufern des Flusses Umba und des Sees Kanosero, östlich vom Umpjavr und am Nordende des Lujavr, und Lujavritblöcke auf der Wasserscheide zwischen den Seen Lejavr und Porjavr gefunden.

Westlich vom Weissen Meere enthält die Moräne die gewöhnlichsten Gesteine des Grundgebirges. In den von mir untersuchten Gegenden zwischen Knjäscha und Kovda fand ich keinen Ijolith von Kuusamo vor. — Bei Kem hat Ailio u. a. Blöcke eingesammelt, die aus einer Diabasart bestehen, welche nach Hackmans Untersuchungen eine grosse Verbreitung in Oulanka hat.

Auf den Solovetskie-Inseln bestehen die Blöcke nach Ino-

stranzeff aus Gneissen und Gneissgraniten, die am Westufer des
Weissen Meeres anstehen. Ausserdem sah ich eine grosse Menge
Blöcke von Granathornblendeschiefer von der Karelischen Küste,
hauptsächlich als freiliegende Blöcke auf den früheren Ufern.

Wie Inostranzeff[1]) fand auch ich auf der Küstenstrecke
zwischen Suma und Onega lauter krystallinische Blöcke, fast ausschliesslich Gneisse, Gneissgranite und Granite. Eine bemerkenswerthe Ausnahme bilden die von Inostranzeff erwähnten Blöcke
aus der »Solomen'schen Breccie» beim Dorfe Kuscherjeka, und
ferner überraschte mich das Vorkommen von Chibinitblöcken in
den Sandablagerungen nördlich vom Dorfe Warsogory.

Die thonige Moräne der Onegahalbinsel enthält zu einem
Theil Scherben aus den devonischen Lagern beim Weissen Meere,
zum aller grössten Theil aber krystallinische Blöcke, nämlich Gneisse
und Schiefer verschiedener Art (u. a. Granathornblendeschiefer),
Granit, Diorit, Diabas und auch Chibinit, wovon ich Findlinge an
folgenden Orten antraf: Tamitsa, Kianda, Jarenga und Ljätnija
Gory bei Lopschenga. Ausserdem entdeckte ich bei Jarenga einen kleinen Stein von Cancrinitsyenit (aus Kuolajärvi?).

In Archangelsk werden zu Bauten sehr viel Blöcke krystallinischer Gesteine verwendet, die an den Ufer des Dwinaflusses
gesammelt werden. Unter diesen entdeckte Bergroth einen Nephe-
linsyenitporphyr vom Umptek. In Folge dessen suchte ich unter
den krystallinischen Blöcken, welche in der Moräne der unteren
Dwina stecken, Nephelinsyenite, und traf auch bei Isakogora einen
Stein von mittelkörnigem Chibinit, bei Ust-Pinegi aber mehrere
Repräsentanten des grobkörnigen Umptekgesteines sowohl in der
Moräne als ausgewaschen am Ufer an.

Der ganzen Winterküste entlang von Simnaja Solotitsa bis
Koida sah ich Nephelinsyenitblöcke theils als Ufersteine theils
als Geschiebe in der thonigen Moräne. Am häufigsten wurden
Chibinit und andere Gesteine aus Umptek, aber auch Lujavrit
gefunden, nämlich bei Simnaja Solotitsa und Maida, sowie ein

---

[1]) Тр. С. Пб. Общ. Естеств. З. 165.

Stein von Urtit [1]) an der Flussmündung bei Koida. Die Hauptmasse der Blöcke waren gewöhnliche Gesteine des Grundgebirges sowie auch Sandstein, Schiefer und Kalkstein. Sourander rech-
nete bei Koida, dass auf 300 Blöcke ca. 60 solche von Sandstein
und anderen jüngeren Sedimenten kommen. Die Nephelinsyenite
übersteigen nicht 0,6 °/o sämmtlicher Blöcke.

Auf der Insel Morschovets sind Chibinitblöcke allgemein.

Die beigefügte Karte (Fig. 2.) giebt eine Übersicht der Fund-
orte von Nephelinsyenitblöcken aus dem Umptek und dem Lu-
jarv-Urt an.

Mariner Thon und Sand.

Auf der Halbinsel Kola habe ich nirgends Ablagerungen
von marinem Thon gefunden. In Russisch Karelien kommen
sie schon vor, aber sind nicht häufig. Ich habe gebänderten
Thon (hvarfvig lera) bei Soukelo und Rukajärvi beobachtet, und
Rosberg [2]) zählt einige andere Localitäten für marinen Thon und
Sand (Mosand) auf.

Nach Süden und Südosten hin werden die Thonfelder schon
etwas ausgedehnter. Das Wygthal ist davon erfüllt, und um Suma
herum breitet sich eine ca. 10—12 m hohe von Thon gebildete
Ebene aus. Dieser ist grau, ungeschichtet und frei von makro-
skopischen Fossilien (noch nicht auf Diatomaceen untersucht). Auf
ihm fand ich einige erratische Blöcke. Mehr oder weniger bedeutende Thonfelder breiten sich übrigens an der Pomorschen
Küste bei allen Dörfern sowie bei der Stadt Onega aus. Der Thon
ist grau und wie es scheint, fossilienfrei, und auch ohne die für
»hvarfvig lera» eigene Schichtung.

Wie schon oben erwähnt, findet man auf der Onegahalbinsel ausser dem Moränenthon auch blockfreien Thon auf niedrigen Niveauen in den Thalmulden. In einem Profile eines etwas röthlich braun gefärbten Thones beim Dorfe Nischemosero
sah ich eine deutliche Bänderung von Sand- und Thonschichten.

---

[1]) G. F. F. *18*. 459.

[2]) Fennia *7*, n:o 2. 96—97.

Die Jahresschichten desselben sind ziemlich dick, im Mittel 1 bis
1,5 cm. — Auch die Thone der Onegahalbinsel scheinen fossilienfrei zu sein.

Fig. 2.

Im Dwinagebiet breiten sich die schon oft erwähnten Thone
und Sande aus, welche marine Molluskenschalen posttertiären Alters

enthalten. [1]) Ich habe sie bei Ust-Pinegi gesehen (siehe oben S.
34) in der Form von etwas thonhaltigem Sande, reich an Muschelschalen. Nach Amalitsky [2]) werden diese fossilführenden
Sedimente von blockreichem Thon (Moräne) überdeckt, und, so-
viel ich gesehen habe, bilden auch blockführende, moränenähnliche
Ablagerungen an der unteren Dwina die oberste Etage der quartären Bildungen (S. 33). Das scheint mir auch schon aus Murchison's und Barbot de Marny's Schilderungen hervorzugehen.
Der erstere sagt z. B. von den blockführenden Schichten, die auf
dem muschelreichen Thon bei Ust-Wagi ruhen: »At the same
time it is necessary to remember, that these shelly beds are co-
vered by sand and gravel, which we should have great difficulty
in separating from the superficial northern drift.» (l. c. S. 328).

Besonders deutlich ist es nun östlich vom Weissen Meere,
dass nicht marine Bildungen, sondern Moräne das Oberflächen-
lager bildet. Unter ihr kommen aber mächtige Ablagerungen von
geschichtetem Sand, bisweilen mit eingeschlossenen Thonpartien vor.
Über die Natur und das Alter dieses Sandes habe ich keine sichere Auffassung gewonnen. Er enthält keine Fossilien, und
seine an Deltaablagerungen erinnernde Flussschichtung widerspricht einem marinen Ursprung desselben. Ich vermuthe doch,
dass Flussdeltabildungen in so grosser Ausdehnung auf der ganzen Ostseite des Weissen Meeres und auf der Insel Morschovets nichts anderes als fluvioglaciale Ablagerungen, »Hvitå-sande»
sein können, die früher als die Moräne beim allmählichen Vorrüc-
ken des Eisrandes entstanden und dann von der Moräne bedeckt
wurden.

Die echten fossilführenden »borealen» marinen Ablagerungen
scheinen sich nicht bis an die Winterküste zu erstrecken.

---

[1]) Murchison, The Geology of Russia Vol. I. 327; Barbot de Marny, Verh.
Min. Gesellsch. Petersburg. 2 Serie. 3. 258.

[2]) Пр. Варш. Общ. Естеств. N:o 3. Год VII.

Flugsand und Dünen.

An den langen, von keinen Schäreninseln geschützten, für die Winde offenliegenden Küsten, wo so viel sandhaltiges Material in der Eiszeit abgelagert und später ausgewaschen worden ist, sind natürlich Flugsandfelder und Dünen häufige Erscheinungen. Von den frühesten Zeiten nach der Eisperiode an bis jetzt haben sie sich gebildet und entstehen fortwährend. Es wurden von mir folgende Beobachtungen darüber gemacht.

Auf der Nordseite der Fischerhalbinsel bei der Skarpiebucht und auf der Südseite der Insel Kildin auf Mys Prigonnij kommen alte von Pflanzen schon gebundene Dünen vor, die gegenwärtig vom Winde nicht bewegt werden.

Ferner bilden Dünen westlich von der Mündung des Woronjeflusses eine Landzunge. Östlich von derselben findet man auch Flugsandfelder, u. a. in einer Schlucht zwischen den Felsen, durch welche der Sand wie Rauch in einem Schornstein vom Wind aufgetrieben wird und auf dem Bergplateau ca. 60 m ü. d. M. sich zu einer Düne niedergeschlagen hat.

Kleinere Dünenbildungen sah ich bei Kekora, Charlotka und einigen anderen Flussmündungen an der Murmanküste.

An der offenen Terschen Küste vom Vorgebirge Pulonga bis zum Vorgebirge Turja, welche fast nur aus losen Bildungen besteht, gehören Flugsandbildungen zu den häufigsten Erscheinungen. Das erstgenannte z. B. besteht aus gewaltigen durch Pflanzen nicht gebundenen Dünen, die fortwährend in Bewegung und Umgestaltung sich befinden.

Sehr gewöhnlich sind hier alte Flugsandfelder und Dünen, die jetzt durch eine Vegetation von Rennthierflechte und verkrüppelten Birken oder Kiefern bedeckt sind. Sie befinden sich gewöhnlich oberhalb einer gewissen weiter unten zu erwähnenden scharfen Uferlinie. Diese Art von alten Dünen ist z. B. typisch entwickelt in der Umgebung des Dorfes Tschavanga und zwischen den Dörfern Kusomen und Warsuga, wo sie alle anderen Bildungen verhüllen.

Die grossartigsten Flugsandbildungen aus gegenwärtiger Zeit kommen auch bei Kusomen vor. Das Dorf ist auf einem pflanzenlosen Flugsandfelde gebaut, worin ältere Gebäude, z. B. die älteste Kirche, schon halb begraben sind (Tafel II. Fig. 1). Am Rande des angrenzenden Waldes im NW stecken die ersten Reihen von Bäumen bis zu den Gipfeln im Sande. Und diese Verödungen sind nur eine Folge des Unverstandes der Einwohner, die den früher hier gestandenen Wald, dessen Stammenden man noch sieht, niedergehauen haben.

An den felsigen von Schären umgürteten Küsten beim Golfe von Kandalakscha und westlich vom Weissen Meere kommen Flugsandbildungen nicht vor. An der Südwestseite der Onega-Bucht treten sie aber schon wieder bei Uneschma auf, und am inneren Ende derselben erstrecken sich Dünen mehrere Kilometer weit auf beiden Seiten des Dorfes Warsogory. Ältere mächtige Dünen treten im Dorfe selbst auf, und am Meeresufer, besonders westlich vom Dorfe, ist die Versandung der Felder und Bildung von neuen Dünenwällen am Rande des Waldes in vollem Gang.

Die Küsten der Onegahalbinsel sind sehr geeignet für die Entstehung von Dünen, und solche kommen auch massenhaft vor. Auf meiner Reise traf ich sie auf der Westküste zwischen den Dörfern Pokrofskaja und Tamitsa am besten entwickelt an. Hier sieht man jüngst gebildete Dünenwälle im Walde am Ufer, und man fährt mehre km weit durch Flugsand, der für die Pferde natürlich sehr mühsam wird. Die Versuche, die Landstrasse fester zu machen, scheinen geringen Erfolg gehabt zu haben. Im Gegentheil hat man das Übel häufig verschlimmert, indem man die Strasse mit von der nächsten Umgebung losgerissenen Rasenstücken gepflastert hat. Hierdurch sind früher gebundene Flugsandpartien vom neuen dem Spiel der Winde übergeben worden. Nicht nur die Landstrasse wird bald wieder versandet sein, sondern auch der nächstliegende Wald. — Auf der Ostseite der Halbinsel erstrecken sich Dünen meilenweit am Ufer des Golfes von Archangelsk von der Mündung der Bucht von Unskaja bis in das Delta der Dwina. Beim Dorfe Krasnaja Gora haben sie eine besonders starke Entwicklung. Tafel II. Fig. 2 zeigt eine dort entstandene Düne, welche die Bäume schon zum guten Theil verhüllt hat. Auf der geraden offenen Winterküste sind diese Bildungen verhältnissmässig selten, indem sie nur in der Nähe der Fluss- und Bachmündungen vorkommen, z. B. am rechten Ufer der Solotnitsa, bei Tovitsa und Tova, bei Intsy und mächtig entwickelt bei Megra.

3. Strandlinien.

Dass auf der Halbinsel Kola zahlreiche Spuren alter hochliegender Strandlinien in der Form von Stufen im festen Gestein, von Abrasionsterrassen im losen Terrain, Accumulationswällen auf mässig geneigten Abhängen und von hohen Deltaplateauen an Flussmündungen vorkommen, ist schon lange bekannt gewesen durch die Mittheilungen von Reineke [1]), Böhtlingk [2]), v. Middendorff [3]), v. Maydell [4]), Kudrjavzeff [5]), Rabot [6]), dem Verfasser [7]) und Faussek [8]).

Ferner hat Inostranzeff [9]) die Merkmale eines früheren höheren Wasserstandes an der Pomorschen Küste bekannt gemacht, und seit Murchison's [10]) und v. Keyserling's [11]) Untersuchungen ist uns eine umfassende quartäre marine Transgression im Nordosten von Russland bekannt.

[1]) Гидрографическое описание северного берега Россіи. 2.
[2]) Bull. scientif. de l'acad. St. Pétersbourg. 7. 191.
[3]) Bull. de l'acad. St. Pétersbourg. 2. 152. 1860.
[4]) Зап. геогр. Общ. 4. 497.
[5]) Тр. С. Пб. Общ. Естеств. 14. 61—85.
[6]) Bull. de la Soc. géogr. Paris. 10. 457.
[7]) Fennia 3, n:o 7.
[8]) Зап. геогр. Общ. 25. 1.
[9]) Тр. С. Пб. Общ. Естеств. 3. 165.
[10]) The Geology of Russia. Vol. I. 327.
[11]) ibid. und Reise in das Petschoraland.

Eine vollständige Zusammenstellung aller älteren Beobachtungen findet man in der Arbeit von Faussek. Weder er noch
die älteren Forscher haben indessen die Höhen der von ihnen erwähnten Terrassen genauer bestimmt. Ich sah deshalb darin eine
wichtige Aufgabe, nicht allein die Anzahl der bekannten Strandlinien durch neue Beobachtungen zu vermehren, sondern vor allem *die höchsten Grenzen der Wirkungen des Meeres, die s. g.
marinen Grenzen,* sowie auch *die Niveaus anderer ausgezeichne-
ter Uferlinien zu ermitteln.*

Diese Bestimmungen wurden in so vielen Fällen wie möglich
mit Handniveauspiegel nach der Konstruktion Elving und mit Nie-
vellierstange ausgeführt. Nach dieser von De Geer empfohlenen Me-
thode habe ich mit geringem Zeitaufwand genügend genaue Resultate (Fehlergrenze $\pm$ 1 %) bei steilem Gefälle der Abhänge
erreicht. Leider sind doch lange Entfernungen oder Wald- und
Buschvegetation der Anwendung derselben an der Mehrzahl der
Lokalitäten hinderlich gewesen, so dass wir gezwungen waren unsere Messungen mit Aneroiden auszuführen. Trotz der ausge-
zeichneten Konstruktion derselben und der Sorgfalt, mit der sie
angewandt wurden, sind die so erhaltenen Resultate im allgemeinen nicht so zuverlässig wie die durch direkte Messung gewon-
nenen. Es wird in jedem einzelnen Falle durch (s) (= Nivellierung mit Spiegel) oder (a) (= Aneroid) angegeben werden wie
die Bestimmung ausgeführt wurde.

Als Ausgangsniveau für die Messungen diente immer die
Meeresoberfläche. Da aber der Unterschied zwischen Ebbe und
Fluth in diesen Gegenden nicht unbedeutend ist, und wir in Betracht der kurzen Zeit, die wir an jedem Ort verweilten, den
mittleren Wasserstand nicht feststellen konnten, fingen wir jedesmal unsere Messungen von der Hochwasserlinie an und schlossen
auch auf den zu ermittelnden Terrassen das Nivellement bei einer dem einstigen Hochwasser entsprechenden Linie ab. Auf
diese Weise glaube ich die richtigste Auffassung über den Unterschied der Niveaus der gegenwärtigen und früheren Strandlinien
bekommen zu haben.

Die einzelnen Untersuchungen haben folgende Resultate ergeben.

Kandalakscha-Kolafjord.

Kandalakscha. Bei einer späteren Revision meines Beobachtungsmateriales von früheren Reisen fand ich, dass einige Bildungen auf der Ostseite des Sees Imandra alte Ufer sein können. Da ferner Ailio im Jahre 1897 die marine Grenze bei Kandalakscha 145 m ü. d. M. (s) antraf (der Imandra liegt nach Petrelius 130 m ü. d. M.), schien es mir geeignet in diesem Jahre die Strecke Kandalakscha-Kola genauer zu untersuchen.

Die von Ailio gefundene oberste Grenze der früheren Einwirkung des Meeres liegt zwischen den Bergen Gljädina und Krestovaja Gora östlich von Kandalakscha. Unterhalb derselben breiten sich schöne Accumalationswälle von Ufergeröllen aus, während man oberhalb derselben von Wirkungen ehemaliger Brandung unberührt gebliebener Moräne begegnet. Diese Grenze, deren Höhe mit den weiter unten mitzutheilenden Werthen von anderen Orten beim Golfe von Kandalakscha gut korrespondiert, ist indessen nicht das höchste Niveau, bis zu welchem die Moräne in der Nähe von Kandalakscha angegriffen worden ist. Denn nördlich von Krestovaja Gora im halbkesselförmigen Thale zwischen den Bergen Krestovaja, Srednaja, Scheleschnaja, Wolosna und Ugolnaja ist die Oberfläche mit freigewaschenen Blöcken bis zu bedeutenden Höhen bedeckt; im Niveau von ca. 163 m ü. d. M. findet man an einigen Punkten Andeutungen von Uferbildungen, und noch bis zu etwas über 200 m ü. d. M. (a) sind die Westabhänge der Berge Krestovaja Gora und Ugolnaja Wareka ganz nackt, während ihre oberen Theile mit Moräne recht dick bedeckt sind. Ich kann kaum annehmen, dass diese Erscheinungen durch marine Einwirkung zu Stande gekommen sind; ihr Auftreten steht vielleicht im Zusammenhang mit den Verhältnissen beim See Imandra. Denn hier fand ich die Grenzen der Einwirkung der Wellenbrandungen gegen alle Erwartung hoch.

Sascheika. 4 km westlich von der Station Sascheika am

Südende des Sees Imandra erhebt sich der hohe Berg Seruajv (Сúпал Тỹптра), und zwischen ihm und der Station eine niedrigere Höhe Kusvarentsch (ca. 90 m ü. d. Imandra). Der Weg nach dieser geht über grosse Rücken und Wälle von freigewaschenen Geröllsteinen und gewaltigen Blöcken. Auch ganz nackte Felsen kommen zwischen ihnen zum Vorschein. Bei einer gewissen

Fig. 3.

oberen Grenze hören indessen derartige Bildungen auf, und man begegnet oben auf den nach unten hin freigespülten Gneissgranitfelsen einer nachgebliebenen Decke von feinem Schotter, in dem die grossen Blöcke gut eingebettet sind (Fig. 3). Diese hierdurch erkennbare frühere oberste Brandungsgrenze ist regelmässig horizontal und befindet sich nach barometrischen Bestimmungen ca. 67 bis 68 m über dem Imandra, d. h. 197 m ü. d. M., wenn man mit Petrelius [1]) die Höhe des Imandra zu 130 m annimmt.

Umptek. Auf der Westseite des Umptek begegnet man am Fusse des Gebirges einer grossen Menge von freiliegenden Geschiebeblöcken und Geröllen, die an mehreren Stellen zu deutlichen Accumulationswällen und -terrassen geordnet sind. Da diese in ganz offener Lage vorkommen, scheinen sie mir Uferbildungen eines früheren Sees oder des Meeres zu sein. Sie sind als alte Strandlinien schon von Kudrjavzeff erkannt worden, der angiebt, dass sie bis über 100 m über dem Imandra vorkommen. Über die oberen Grenzen ihres Vorkommens machte ich folgende Bestimmungen.

Wenn man gleich westlich von der Mündung des Lutnjärmajok (bei der neu angelegten Station Bjälaja Guba) nach

----

[1]) Fennia 5, n:o 8.

dem Gebirge hinaufgeht, kommt man zuerst auf schwach ansteigenden steinigen Grusboden. Dann folgen abwechselnd horizontale Wälle und niedrige Terrassen von grossen Blöcken, und auch
unregelmässige Haufen von solchen, bis man an einige entblösste
Felsen von schwarzem kontaktmetamorphosiertem Schiefer gelangt. Hier erhebt sich 5 bis 6 m hoch eine steile Wand von
typischer unveränderter Moräne, d. h. einem Grus, aus dessen
Oberflächenschicht die Blöcke nicht herausgewaschen worden sind.
Die beschriebene Grenze zwischen dem von Blöcken und Geröllen
bedeckten Boden und dem von Wellenbrandungen augenscheinlich
unberührten liegt nach barometrischer Bestimmung ca. 99 m ü.
d. Imandra, d. h. ca. 229 m ü. d. M.

Gleich südlich vom Vorgebirge Kuakrisnjark liegt ein ca. 100
m hoher Berg von chloritisertem Labradorporphyrit. Er ist bis
auf seine höchste Partien aller Bedeckung von losem Material
beraubt, wahrscheinlich durch die reinspülende Wirkung der
Wellen.

· Etwas nördlich von Kuakrisnjark erstrecken sich am Fusse
des Umptek Scharen von Accumulationswällen aus gröberen und
feineren Geröllen, die aber schon beim Bache Jimjegoruaj in eine
mit grossen Blöcken besähte Oberfläche übergehen. Dieser stei-
nige Boden hört gleich südlich vom genannten Bache bei einer
Terrasse auf, hinter welcher entblösste Partien von »Imandrit»
sichtbar werden, welche alten Strandfelsen ähnlich sind. Die Terrasse
befindet sich nach barometrischer Bestimmung 103 m über dem
Imandra, d. h. 233 m ü. d. M.

Am Nordende des Imandra liegt die höchste Strandlinie
wieder viel niedriger. Wenn man vom Ufer des Sees auf dem
Weg nach dem Peresjavr hinaufsteigt, trifft man in der Höhe
von ca. 35 bis 40 m auf ein Gebiet von nackten Granitfelsen
und freigewaschenen Blöcken, die einer ausgedehnten breiten
Terrasse — 42 m ü. d. Imandra — angehören. Darüber erhebt
sich ein Moränenboden, welcher keine Spuren einer Einwirkung
von Wellen aufweist. Die oberste Strandlinie befindet sich folglich hier ca. 172 m ü. d. M. (a).

An der Wasserscheide, der nur 0,25—0,50 km breiten, niedrigen Landenge zwischen Peresjavr (ca. 148 m) und Kuollejavr (ca. 145 m) weist die Moräne — soweit ich es beurtheilen konnte — keine Spuren der Einwirkung von Brandungen auf. Es hätte somit beim Maximum der Landsenkung keine Verbindung zwischen dem Weissen Meere und dem Eismeere durch das Imandra-Kolathal existiert.

Im Kolathal. Auch zwischen den Seen Kuollejavr und Puljavr (ca. 125 m) traf ich keine Bildungen an, die eine frühere Überschwemmung der Landenge bewiesen hätten. Zwischen dem letztgenannten See und dem oberen Ende des Murtjavr (ca. 105 m) dagegen passiert man mehrere Blockfelder, Blockwälle und Blockterrassen die bis zum Niveau von ca. 25 m über dem Murtjavr, ca. 130 m ü. d. M. vorkommen. Solche Blockbildungen werden noch häufiger in den Umgebungen von Murtjavr und Kitsa.

Nördlich von Kitsa geht der Weg zuerst 2 bis 3 km über ein ebenes steiniges Sandfeld, (mit Rennthierflechte und Kiefern bewachsen). Dann steigt er rasch in die Höhe auf die gewaltigen Moränenablagerungen hinauf, die das Kolathal an dieser Stelle erfüllen. Der untere Theil des Abhanges ist mit zahlreichen grossen freiliegenden Blöcken bedeckt, die aber bei einer ca. 130 m ü. d. M. belegenen Grenze aufhören. Es konnte indessen nicht entschieden werden, ob diese blockreichen Abhänge Meeres- oder Binnenseeufer waren. Die letztere Möglichkeit ist nämlich nicht ausgeschlossen, weil die erwähnten Moränenmassen, die bis zu 230 m ü. d. M. das hier nicht sehr breite Thal erfüllen, wohl in früheren Zeiten es vollständig abgesperrt haben können, indem die Flussrinne durch spätere Erosion entstanden sein kann.

Die oberen Theile dieses Moränengebietes sind nie vom Meere überfluthet gewesen, wenn man es aber überwandert hat, begegnet man auf seinem Nordabhang in offener Lage gegen den Kolatjord, ca. 18 km südlich von Kola, ca. 93 m ü. d. M. (a) wieder Blockufern, welche die marine Grenze bezeichnen.

Am Kolafjord. Am inneren Ende des Kolafjordes sieht man die aller schönsten Terrassen in den quartären Ablagerungen. Gleich südlich von der Stadt Kola erhebt sich der Solovareka,

eine gewaltige im Meere abgelagerte Endmoräne der früher von
Süden kommenden Gletscher. Seine obere horizontale, 85 m ü.
d. M. belegene Plateauebene scheint ungefähr bei der marinen
Grenze zu liegen, denn gleich westlich von der Stadt, auf der
anderen Seite des Fjordes, sind die unteren Theile der Berge
bis zu diesem Niveau entblösst, während gleich oberhalb desselben eine dicke Moränenbedeckung nachgeblieben ist.

Genauere Bestimmungen der marinen Grenze in dieser Gegend wurden von Ailio und Bergroth ausgeführt, worüber der
erstere folgendes berichtet:

»Lobstka, eine Höhe gleich östlich von der Mündung des
Kolaflusses ist eine plateauförmige Grusablagerung, welche die
Höhe 85 m ü. d. M. erreicht (a). Auf ihrer Oberfläche liegen
freigewaschene Blöcke, und an ihrem Rande Accumulationswälle
von Ufergeröllen. Am Abhang befinden sich drei gut entwickelte
Terrassen, eine niedrigste 17,4 m (s), eine zweite sehr scharfe,
ebene und lange 33 m (s), und eine dritte kurze 72 m ü. d.
M. (a).»

»Auf dem Berge Malaja Gorjäla kann man drei Terrassen
beobachten. Von diesen umgiebt die oberste den Gipfel von allen
Seiten und ist besonders an den West- und Südabhängen schön
entwickelt. Auf dem ca. 11 m hohen, 40° geneigten Abhang am
Innerrande dieser Terrasse liegen spärliche Blöcke, Massen von
solchen bilden aber am Fusse desselben ein Blockufer. Vor demselben liegt eine horizontale, geebnete, mit Geröllsteinen bestreute
Stufe, während oberhalb desselben der Boden aus ursprünglicher,
staubiger, von den Brandungen nicht bearbeiteter Moräne besteht. Diese Strandlinie, die marine Grenze, liegt nach Nivellierung
mit Spiegel 85,5 m ü. d. M. Zwischen derselben und dem Meere
befinden sich eine ziemlich deutliche Terrasse bei 69,4 m (s) und
noch niedriger eine andere sehr deutlich entwickelte bei 32,6
m ü. d. M. (s).»

»Auf dem Berg Gorjäla trifft man von unten anfangend
zuerst 12 m hoch eine undeutliche horizontale Terrasse, dann eine

sehr lange, gut entwickelte Terrasse 33 m und schliesslich eine oberste Strandlinie 88 m ü. d. M. (a) an.»

Etwas nördlich von dem von Ailio untersuchten Abhang von Gorjäla ist die Bedeckung mit losem Material dünner als am inneren Ende des Kolafjordes. Hier fand ich (1898) die Felsen durch die frühere Einwirkung der Wellenbrandungen an mehreren Stellen bis zu einer oberen Grenze von ca. 89 m Seehöhe (a) blossgelegt. In den losen Bildungen in der Nähe (etwas südlicher) befindet sich eine deutliche Terrasse 84 m ü. d. M. (a). Die Grenze der früheren Brandungen scheint somit ca. 4 bis 5 m höher als die oberste Strandlinie sich zu befinden. [1]

Solche Grenzen für die frühere Einwirkung der Meereswellen, welche ich kurz Brandungsgrenzen nennen will, werden auf den Bergen, die den Kolafjord umgeben, immer deutlicher je mehr man nach der Mündung hin fährt. Man kann schon von der Ferne die einst submarinen Theile der Küste von den bisher immer supramarin gewesenen Partieen unterscheiden. Kein loses Material, sogar keine Blöcke kommen im früheren Bezirke des Meeres vor. Oberhalb der Grenze desselben sieht man aber die Berge mit Unmassen von Geschiebeblöcken bestreut, sogar an sehr geneigten Abhängen. Bei näherer Untersuchung findet man die Felsen nur bis 15—25 m ü. d. M. ganz frei von losem Material. Schon bei dieser Höhe trifft man bisweilen einwenig Verwitterungsgrus an, der offenbar nach dem Zurücktreten des Meeres entstanden ist, denn seine anfangs unbedeutenden Partien werden etwas reichlicher, je höher man ansteigt. Er enthält aber nur Scherben von dem unterliegenden Gesteine, kein fremdes Material. Bei der immer sehr deutlichen Brandungsgrenze aber tritt eine dünne, allerdings nicht zusammenhängende Decke von losem Ma-

---

[1] Im Jahre 1887 maass ich auf diesem Berg die Höhe einiger Terrassen, unter ihnen die zwei höchsten ca. 80 m und 125 m hoch. Die erstere ist nach den jetzt vorliegenden Untersuchungen gewiss eine Terrasse dicht an der marinen Grenze, die letztere aber kann nicht marinen Ursprungs sein. Ich konnte sie bei meinem erneuten Besuche nicht wiederfinden, und sie muss ein zufälliger terrassenähnlicher Absatz in der Moräne sein.

terial hinzu, welches Geschiebe und Gerölle von fremden, am Ort
nicht anstehenden Gesteinen enthält. Diese Ablagerungen findet
man nicht nur in Schluchten und Spalten, sondern auch auf geneigten, offenliegenden Abhängen der Felsen, von welchen sie
die Wellen gewiss fortgespült hätten, wenn sie diese Höhe erreicht
hätten.

Wo man die höchste Strandlinie in der Nähe solcher Brandungsgrenzen deutlich entwickelt antrifft, liegt sie gewöhnlich 3 bis 4
m darunter, doch an gegen das Meer ganz offenen Küsten sogar
6 bis 8 m.

Nun findet man, dass diese Brandungsgrenzen vom Inneren
des Kolatjordes nach dem Eismeer hin sich der jetzigen Uferlinie
immer mehr nähern. Bei Kola und auf dem Gorjäla liegt sie,
wie oben erwähnt, noch 88 bis 89 m ü. d. M., während die höchste Strandlinie in 84 bis 86 m Seehöhe zu finden ist.

Nördlich von der neu angelegten finnischen Kolonie bei
Bjälokamensk liegt die Brandungsgrenze ca. 83 m ü. d. M. (a), die
marine Grenze nach meiner Schätzung ca. 80 m.

Beim Lappenlager in Salnij trifft man auf den flach geneigten Felsen die Brandungsgrenze ca. 80 m ü. d. M. (a) an. Die höchste
Strandlinie ist wahrscheinlich durch eine in der Nähe etwas nörd-
licher 75 m ü. d. M. (a) befindliche Terrasse in der Moräne bezeichnet.

Auf der Nordseite der Bucht Srednij liegt die Brandungsgrenze 77 bis 79 m ü. d. M. Die Höhe des entsprechenden Mee-
resspiegels ist wahrscheinlich durch die Plateauflächen der Endmoränen (S. 30), — wie bei Kola durch die Solovareka — bezeichnet, die sich hier ca. 73 m ü. d. M. (a) befinden. Einige Umstände
in ihrer Beschaffenheit scheinen mir nämlich unter anderem zu
beweisen, dass sie in's Meere abgelagert wurden und gerade bis
an den Spiegel desselben sich erhoben, nämlich ihre Plateau-
form (besonders deutlich an der Endmoräne zwischen Domaschnoje Osero und Tschukosero), die auf die nivellierende Wirkung des Meeres hindeutet, sowie die zahlreichen breiten seichten Rinnen, welche die Plateaus überqueren, und die ich als Ab-

flussrinnen des Schmelzwassers der Gletscher deute. Ihr Vorkommen setzt voraus, dass das Meer und das Gletscherende einander
zur Zeit des Maximums der Landsenkung begegneten, denn wenn
diese jünger wäre als die Bildung der Endmoränen, hätte das Meer
die Flussrinnen sicher verwischt.

Auf den Abhängen der Endmoränen bei Srednij kommen
mehrere Terrassen vor, u. a. eine 64 m ü. d. M. (a) und eine sehr
ausgeprägte 28 m ü. d. M. (s) (Tafel V Fig. 2). Bemerkenswerth
ist auch, dass oberhalb der Brandungsgrenze, ca. 87 m ü. d. M., am
Fusse einer Felsenwand auf der Nordseite der Bucht eine ca. 80
bis 90 m lange horizontale Anhäufung von grossen abgerundeten
Blöcken vorkommt. Wenn hier nicht eine sonderbare fluvioglaciale
ciale Bildung vorliegt, kann es nichts anderes als ein Überbleibsel
einer alten Strandlinie sein, die bei der nachfolgenden Vergletscherung nicht zerstört oder von der Moräne nicht verdeckt wurde.

In der Umgebung der Stadt Jekaterinenskaja Gavanj befindet sich die Brandungsgrenze ca. 76 m ü. d. M. (a), die marine
Grenze nach Schätzung ca. 72 m ü. d. M.

1 km nördlich von Tiuva liegt die Brandungsgrenze ca. 72
m ü. d. M. (a).

2 km südlich von der Bucht Wolokovaja traf ich zwischen
den Bergen ein Blockufer, dicht unter der Brandungsgrenze bei
ca. 66 m ü. d. M. (a) an (= die marine Grenze).

Auf den Bergen am inneren Ende der Bucht Wolokovaja
liegt die Brandungsgrenze ca. 66 m ü. d. M. (a), die marine
Grenze ca. 64 m.

Auf beigefügter Karte mit Profil (Fig. 4) sind die angeführten Bestimmungen der höchsten Strandlinien am Kolafjord eingezeichnet worden. Man sieht sofort, dass die Werthe eine allmäh-
liche Zunahme von N nach S nach dem Bravais-De Geer'schen
Gesetze zeigen.

·   Der Werth bei Kandalakscha steht ebenfalls in gutem Einklang mit anderen Messungen der marinen Grenzen am Golfe von
Kandalakscha. Dagegen erscheinen die Zahlen beim See Imandra unerwartet hoch. Sie könnten allerdings darin eine Erklärung

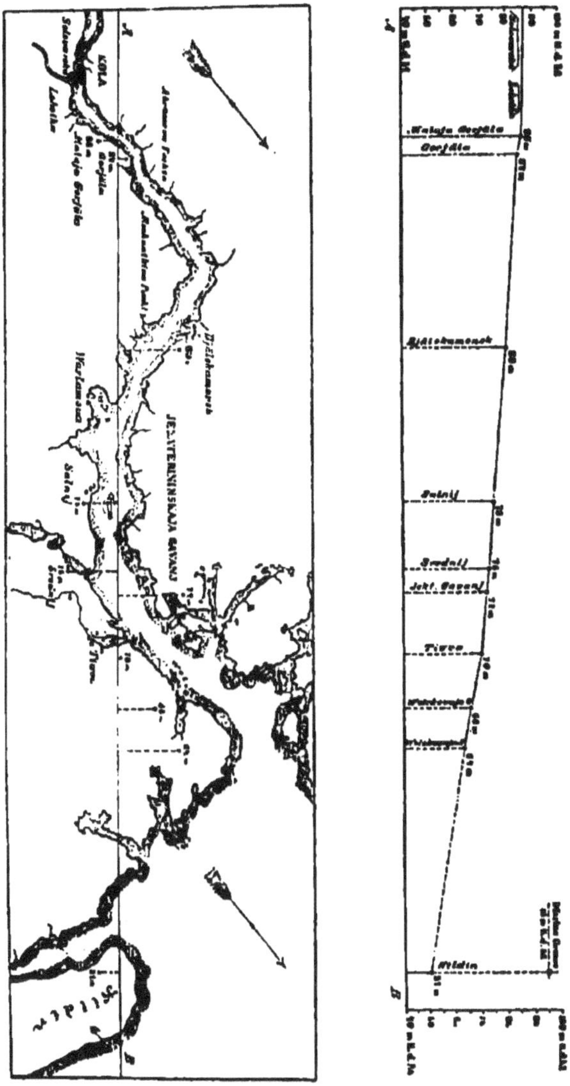

DIE MARINEN GRENZEN AM KOLAFJORD

Fig. 4.

finden, dass bei der ungleichförmigen Landhebung das Nephelinsyenitgebiet so viel mehr als seine Umgebung emporgestiegen
wäre. Man würde in solchem Falle hier einen Gradienten der
Landhebung bekommen, der vielmal erheblicher wäre, als die
grössten bis jetzt bekannten. Eine grössere Anzahl neuer Beobachtungen müssen indessen noch entscheiden, ob die niedrigeren marinen Grenzen bei Kandalakscha und Kola durch allmäh-
liche Übergänge mit den höchstliegenden Uferlinien am Umptek
verbunden sind. Mir scheint es eher, dass ein solcher Übergang
nicht existiert, sondern dass die Strandlinien von Gegend zu
Gegend sich sprungweise erhöhen, welcher Umstand auf einen
nicht marinen Ursprung derselben hinweist. Für eine solche Auffassung spricht auch die Beschaffenheit der Wasserscheide, welche auf keine Verbindung zwischen dem Golfe von Kandalakscha
und dem Kolafjord deutet. Auch die Strandlinien am Murtjavr
und bei Kitsa scheinen mir eher alte Binnensee-, als Meeresufer
gewesen zu sein.

Kehren wir nun zu den marinen Grenzen am Kolafjord zurück, so sehen wir sie allmählich vom Niveau 86 m ü. d. M.
bei Kola zur Höhe von ca. 64 m bei Wolokovaja sich senken.
Wenn man nun aber weiter nördlich nach der Insel Kildin fortsetzt, begegnet man dort der marinen Grenze erst im Niveau von
95 m ü. d. M. Sie kann aber kaum eine Grenze derselben Landsenkung bezeichnen, wie die höchsten Strandlinien am Kolafjord.
Diese scheinen mir in Übereinstimmung mit dem Bravais-De Geer'-
schen Gesetze mit einer ausgeprägten Strandlinie in 51 m Seehöhe zusammengestellt werden zu können, die, wie weiter unten
auseinandergesetzt werden soll, die Grenze einer neuen Transgression bezeichnet. Die höher gelegenen Uferlinien gehören einer Landsenkung an, die älter als diejenige am Kolafjord ist.

An der Murmanküste.

Westlich vom Kolafjord. Wie beim Kolafjord sind auch die
Berge an der Murmanküste an ihren unteren Theilen nackt und

reingespült, oben dagegen mit dünner Moräne und Massen von
Blöcken bedeckt. Zwischen ihnen nimmt man gewaltige Accumulationswälle und -terrassen von gröberen und kleineren Geröllen wahr. Nach Schätzung befinden sich diese bis zu 60 bis 80
m ü. d. M. Leider wurde nur eine Bestimmung der marinen
Grenze ausgeführt, nämlich am inneren Ende des Titofkafjordes.
Sie fällt hier mit der Plateauebene der Endmoräne zusammen,
die nach Messungen von Ailio ca. 75 m hoch ü. d. M. (a) ist.

Die Fischerhalbinsel. Die schönen Strandlinien auf der Fischerhalbinsel haben die Aufmerksamkeit fast aller Forscher, die
hier waren, an sich gezogen. Unter anderen erwähnen Reineke [1]),
v. Maydell [2]) und Faussek [3]) dieselben. Einer eingehenden Untersuchung wurden sie doch nicht unterworfen, und doch bietet kaum eine andere Gegend des Nordens eine bessere Gelegenheit die Erscheinungen alter Strandlinien zu studieren dar. Man
hat hier Küsten, die ganz offen den Wirkungen des Meeres ausgesetzt sind, während auf anderen Seiten lang eindringende Fjorde
verhältnissmässig geschützte Ufer aufweisen. Die hier auftretenden Sandsteine und Schiefer waren sehr geeignet für die Entstehung von Strandlinien im anstehenden Gestein, und in der hier
auftretenden Moränenablagerung kann man gute Uferbildungen
im losen Material beobachten.

Ich benutzte die knappe Zeit, die ich hier verweilen konnte,
zur Messung der Höhen einiger Terrassen und Wälle sowie
zur Entscheidung, ob gewisse Strandlinien Grenzen verschiedener
Landsenkungen bezeichnen. Mein Begleiter Ailio blieb noch
eine Woche länger hier für eingehende Untersuchungen, welche er baldigst zu veröffentlichen beabsichtigt, und wovon ich
schon einige Resultate mittheile.

In erster Linie ziehen die breiten Terrassen, die das Meer
am gegenwärtigen Ufer im anstehenden Gestein ausgearbeitet
hat, die Aufmerksamkeit an sich. Sie sind besonders in den

---

[1]) Гидрографическое описаніе сѣвернаго берега Россіи. *2.*

[2]) Зап. геогр. Общ. 4. 497.

[3]) l. c.

Schiefergebieten gut entwickelt, z. B. beim finnischen Dorfe
Tschervano an der Nordseite des Bumangfjordes und an der
Südseite der s. g. »Gavanj Novoj Semlji», des innersten Endes des
Muotkatjordes (Motovskij Saliv). Hier sieht man zur Ebbezeit
eine trockengelegte, bis 50 m breite Strandebene, welche die
Schichten des schwarzen Schiefers horizontal abschneidet. (Tafel
III, Fig. 1.). Solche breite Bergterrassen an der gegenwärtigen Uferlinie sprechen dafür, dass die Verschiebung derselben
in den letzten Zeiten gering gewesen ist, während sie von früheren Perioden erhebliche Beträge aufweist, wie wir unten sehen werden.

Die Landenge, welche die Fischerhalbinsel mit dem Festlande verbindet, ist nur ca. 11 m hoch und muss in nicht allzu
ferner geologischer Zeit überfluthet gewesen sein, denn nördlich von ihr auf den Abhängen des Srednij Poluostroff sieht
man mehrere über einander liegende Terrassen, von denen einige
deutlicher ausgebildet sind als die anderen. NE von der Bucht
Malaja Wolokovaja (Matinvuonno) liegen z. B. zahlreiche Uferwälle von ellipsoidischen Sandsteingeröllen nach einander ange-
reiht bis zu einem sehr hohen und langen Accumulationswall,
hinter welchem eine lagunartige Versumpfung und eine 30 bis
50 m breite Terrasse sich ausdehnen. Das Grat des Walles und
der innere Rand der Terrasse befinden sich ca. 32 m ü. d. M. (a).
Dann findet man wieder nördlich vom Lappenlager bei Kutovaja eine scharfe und breite Terrasse in der Seehöhe von 72 m
(a). Oberhalb derselben folgen noch Terrassen, die aber undeutlich sind, weil die Erosion sie verwischt hat. Daraus habe ich
den Schluss gezogen, dass zwischen der Bildung dieser hochliegenden, jetzt fast zerstörten Terrassen und der Entstehung der
unterhalb 72 m befindlichen, noch frischen Strandlinien eine sehr
lange Zeit von Erosionsthätigkeit verflossen ist, und dass die Terrasse bei 72 m vielleicht die Grenze einer neuen Transgression
bezeichnet. Ihr Niveau korrespondiert sehr gut mit der marinen
Grenze am naheliegenden Titofkafjorde.

Der ganzen Nordseite des Fjordes Motovskij Saliv entlang

nimmt man im anstehenden Gestein zwei hochliegende Strandlinien wahr, von denen die untere 69 m, die obere 85 m ü. d. M.
(s) beim Vorgebirge Tri Korovy nach der Bestimmung von Ailio
und Bergroth liegen. Auch hier tritt derselbe Unterschied zwischen den Terrassen hervor wie bei Kutovaja. Die obere Terrasse ist von zahlreichen Rinnen tief durchfurcht, die bei der
unteren aufhören. Dieser Umstand scheint mir wieder so gedeutet werden zu müssen, dass die Erosion die Küstenpartien oberhalb der unteren Terrasse mehr angegriffen hat, weil sie in einer
älteren Epoche supramarin wurden, während diese Terrasse die
Grenze des Meeres in einer jüngeren Zeit war, und die dann bei
der Landhebung entstehenden Uferbildungen viel später der Arbeit der fliessenden Gewässer ausgesetzt wurden.

Bei der Bucht Malaja Karabelnaja liegt diese jüngere Terrasse 67 m ü. d. M. nach barometrischer Bestimmung von Ailio.

Auf der Nordostseite des inneren Theiles von Motovskij
Fjord, Gavanj Novoj Semlji, findet man Accumulationswälle wenigstens bis 90 m ü. d. M., ohne dass doch hier mit Sicherheit eine marine Grenze von uns erkannt werden konnte.

Auf der Südwestseite dieser Bucht dehnen sich mehrere
lange, gut entwickelte Strandlinien aus, zum grossen Theil in's
anstehende Gestein eingegraben. Unter den höheren derselben sind
wieder zwei auffallender als die anderen, und von ihnen ist die
untere besser beibehalten, während die obere von der Erosion mehr
angegriffen worden ist. Die erstere befindet sich nach von Ailio
und Bergroth ausgeführten Messungen (mit Spiegel) 67,8 ü. d. M.,
die letztere 84 m. Aber noch oberhalb derselben trifft man bis
zur Höhe von einigen und neunzig Metern hier und da Accumulationswälle von Strandgeröllen an. Aus den oben angeführten
Gründen halte ich die Terrasse in 67,8 m Höhe für die Grenze
des Meeres in einer jüngeren Epoche.

Eine Strandlinie, welche vielleicht auch derselben Grenze
entspricht, liegt nach Bestimmungen von Ailio bei Tsip-Navolok
an einem Uferwall, welcher einen älteren Flusslauf lagunartig
aufgedämmt hat, ca. 55 m ü. d. M. (a). Östlich von Waida

Guba fand ich bei 55 m Höhe (a) eine sehr breite Terrasse, an deren Vorderrand ein mächtiger Uferwall aufgeworfen worden ist. Dieselbe ist von einer auffallend grösseren Menge Granit- und Gneissgranitblöcke (Treibeisblöcke) bedeckt, als die höher belegenen Partien des Abhanges. Ihr Auftreten scheint mir zu beweisen, dass diese Terrasse bei einer Eiszeit gebildet wurde, und dass kalbende Gletscher in der Nähe das Eismeer noch erreichten. — Südwestlich von Waida-Guba hat Ailio bei 63 m ü. d. M. (a) eine ausgeprägte Strandlinie beobachtet, die er geneigt ist für die besprochene jüngere Grenze des Meeres zu halten.

Auf der Landenge zwischen dem Bumangfjord (Bolschaja Wolokovaja) und Gavanj Novoj Semlji sind die Abhänge der Berge bis zu ca. 90 m mit schönen alten Uferwällen bedeckt, über welchen sich noch ruinenähnliche alte Strandfelsen erheben.

Neben den oben erwähnten verhältnissmässig hochliegenden alten Strandlinien findet sich unter den niedrigeren besonders eine auf weite Strecken hin verfolgbare sehr ausgeprägte Uferlinie. Es ist die, welche bei Matinvuonno ca. 32 m ü. d. M. liegt. Eine Messung ihrer Höhe an der Nordostseite des inneren Endes vom Bumangfjord ergab 25,5 m ü. d. M. (s). Sie bildet hier die breite Terrasse, auf welcher der Fusspfad vom Muotkafjord nach Waida-Guba geht. '

Bei Tschervano trifft man diese niedrige Strandlinie an einer 2 km östlich vom Dorfe sich erstreckenden breiten Terrasse auf schwarzem Schiefer und bei einem gewaltigen langen Accumulationswall nordöstlich vom Dorfe an. Der Grat des Walles und der Innerrand der Terrasse befinden sich 23 m ü. d. M. (a).

Auf der Nordseite der Fischerhalbinsel wird diese in geringerer Seehöhe belegene Strandlinie durch eine sehr breite Terrasse im schwarzen Thonschiefer bezeichnet. Bei Waida-Guba liegt sie 22 m, bei Tsip-Navolok 21 m ü. d. M. (a). Oberhalb dieser Terrasse findet man mehrere höher belegene bis zu ca. 90 —100 m ü. d. M., welches Niveau ungefähr der marinen Grenze zu entsprechen scheint.

Aus den oben mitgetheilten Beobachtungen von der Fischerhalbinsel geht hervor, dass man hier wahrscheinlich drei durch
lange Zeiten getrennte Landsenkungen unterscheiden kann, von
welchen die älteste die umfassendste, die jüngste die geringste
war. Daher der ungleiche Erhaltungsgrad der Uferbildungen in
verschiedenen Seehöhen zwischen gewissen ausgeprägten Strandlinien, welche die Grenzen der vermutheten Landsenkungen bezeichnen.

Die erste derselben hat nach der Bedeckung der Fischerhalbinsel mit Moräne stattgefunden. Ihre Grenze liegt ca. 90—
100 m ü. d. M.

Die zweite erreichte Höhen, deren Beträge mit den marinen
Grenzen am gegenüber liegenden Festlande zusammengestellt werden können, nämlich:

bei Titofka . . . . ca. 75 m ü. d. M.
  » Kutovaja . . . . » 72 » » » »
  » Tri Korovy . . . . . . » 69 » » » »
  » Gavanj Novoj Semlji . . » 68 » » » »
  » Malaja Karabelnaja . . . » 67 » » » »
  » Tsip-Navolok . . . . (?) » 55 » » » »
  » E von Waida-Guba . . (?) » 55 » » » »

Da nun die marinen Grenzen auf dem Festlande (am Titofka-
und am Kolafjord) die höchsten Strandlinien des Meeres in der dort
zuletzt ausgebreiteten Moräne sind, müssen auch die denselben
entsprechenden Strandlinien auf der Fischerhalbinsel die Grenze
des Maximums von Landsenkung nach der letzten Vereisung der
Halbinsel Kola bezeichnen. Da diese ferner von einer früheren
umfassenderen Landsenkung vorgegangen ist, die nach der Vereisung der Fischerhalbinsel stattfand, muss diese letztere interglacialen Alters sein. Da die Spuren derselben aber nicht verwischt worden sind, kann die letzte grosse Vergletscherung von
Fennoskandia sich nicht über die Fischerhalbinsel ausgedehnt
haben.

Eine dritte Landsenkung scheint mir ihre Grenzen bei den
unteren ausgeprägten Strandlinien gehabt zu haben, die

bei Matinvuonno . . . . ca. 32   m ü. d. M.

» Bumangfjord, am inneren Ende » 25,5 » » » »

» Tschervano . . . . » 23   » » » »

» Waida-Guba . . . . » 22   » » » »

» Tsip-Navolok . . . . » 21   » » » »

liegen. Sie sind nämlich besser beibehalten und kräftiger entwickelt als die übrigen Strandlinien auf niedrigeren Niveauen und sehr oft durch Grenzwälle bezeichnet, die ältere Bachrinnen abdämmen.

Kildin. Die Insel Kildin ist wie die Fischerhalbinsel für Studien der Merkmale von Landsenkungen ausserordentlich geeignet, denn auf ihrer Südseite an der Meeresenge trifft man die aller schönsten Strandlinien sowohl im losen Terrain als im festen Gestein an. Dagegen ist die Nordküste ganz steil und wenn hier einmal alte Strandlinien ausgebildet wurden, sind sie durch die unterminierende Arbeit der Brandungen wieder zerstört worden.

Schon im Jahre 1887 hatte ich die Gelegenheit [1]) einige dieser Bildungen zu sehen. Ich maass einige Schritte westlich vom Hause des Kolonisten auf dem Vorgebirge Mys Mogilnij drei Terrassen in den Höhen von 22 m, 50 m und 81 m ü. d. M.

Faussek [2]) hat im Jahre 1888 die Insel besucht und beschreibt eingehend die schön entwickelten Terrassen und Uferwälle auf dem Mys Mogilnij. Er scheint auch eine bestimmte marine Grenze gefunden zu haben, giebt aber leider weder die Höhe dieser noch die der anderen Terrassen an.

Weiterhin ist dieser Forscher nicht überzeugt, dass die von mir erwähnten Terrassen im festen Gestein wahre litorale Bildungen sind (l. c. S. 23). Sie liegen nun indessen unmittelbar in der Fortsetzung der durch Accumulation entstandenen Terrassen, die Faussek für »wave-built» ansieht, und die von mir im Jahre 1887 gemessenen Werthe ihrer Niveaus weichen nicht viel von meinen neuen Messungen ab.

---

[1]) Fennia 3; n:o 7. S. 34.

[2]) Зап. reorp. Oбщ. 25. 1.

Man findet nun auf der Insel Kildin ebenso oft und so deutlich Strandlinien im anstehenden Gestein wie in den losen Bildungen vor. Sehr oft sind die scheinbar aus losem Material bestehenden Terrassen nichts anderes als Stufen im festen Felsen, die mit Accumulationen bedeckt sind. Das Gestein der Insel, Sandstein, liefert nämlich leicht sehr schöne ellipsoidische Ufergerölle, die, mit Granitgeröllen aus der einstigen Moräne gemischt, mächtige Uferwälle bilden. Wo man diese Geröllsteine findet, kann man, wie Faussek hervorhebt, sicher sein, die Wirkungen des früheren Meeres vor sich zu sehen. Dagegen findet man nur scharfeckige Scherben und Platten des Sandsteines auf den Partieen der Insel, die nicht unter den Meeresspiegel versenkt waren.

Unter den Strandlinien ist besonders eine niedrig belegene kräftig entwickelt, und lässt sich vom West- bis an das Ostende ununterbrochen verfolgen. Zum grössten Theil liegt sie auf losem Material, z. B. auf den Vorgebirgen Mys Prigonnij und Mys Mogilnij, zum Theil ist sie aber auch im festen Gestein eingegraben, wie z. B. zwischen Mys Bykoff und Mys Prigonnij. Ihre Höhe wurde von mir mit dem Niveauspiegel bestimmt, und erhielt ich etwas östlich von Mys Bykoff den Werth 20 m, am Mys Mogilnij hinter dem Hause des Kolonisten 20,8 m und an der Ostseite der Insel 20,5 m ü. d. M.

Über die höher gelegenen Strandlinien machte ich folgende Beobachtungen. In der ersten kleinen Thalmulde östlich von Mys Bykoff (dem Westende der Insel) hat man zu unterst die erwähnte Terrasse in 20 m Seehöhe. 31,2 m höher, d. h. 51,2 m ü. d. M. (s) erhebt sich eine zweite, scharf entwickelte, breite, horizontale Terrasse, die bis an das Westende der Insel sich erstreckt. Eine dritte Terrasse liegt 28,48 m höher als diese, also 79,68 m. ü. d. M. Sie hat eine stark geneigte Terrassenebene und ist von mehreren Erosionsrinnen durchschnitten, die fast alle da aufhören, wo sie die untere Terrasse, 51 m ü. d. M., erreichen. Noch höher, 89 m ü. d. M., entdeckt man eine undeutliche vierte Terrasse, und einige Meter oberhalb derselben scheint die marine Grenze zu liegen.

Auf dem Vorgebirge Mys Prigonnij gelangt man, nachdem
man einige niedrige Terrassen und Accumulationswälle sowie die
Strandlinie bei ca. 21 m. ü. d. M. überstiegen hat, auf einen sanft
ansteigenden Boden mit zahlreichen Uferwällen und Dünenbildungen, bis man dicht unter den sich steil erhebenden Felsen auf
einer gut entwickelten Strandlinie in ca. 50 m Seehöhe (a) sich befindet.

Am Ostende der Insel auf dem Vorgebirge Mys Mogilnij
sind die alten Ufer sehr schön zu sehen. Die eingehenden Schilderungen derselben von Faussek möchte ich mit folgendem er-
gänzen. Das ganze Vorgebirge ist mit an einander gereihten Uferwällen von ellipsoidischen Sandsteinsgeröllen und Granitblöcken
bedeckt. Einige von ihnen sind bedeutender als die anderen und
befinden sich gewöhnlich am Vorderrande von Terrassen. Auffallend in dieser Hinsicht sind der Wall und die Terrasse, welche
das sanft ansteigende Vorgebirge auf der Nordseite begrenzen
und die erwähnte Strandlinie 20—21 m ü. d. M. bilden. Bei ihr
fängt ein steilerer, aber fortwährend mit Accumulationen von Geröllen bedeckter Abhang an, auf welchem man 49 m ü. d. M.
(s) wieder einer sehr gut entwickelten Terrasse begegnet. Andere deutliche, aber nicht auf lange Strecken hin zu verfolgende
Strandlinien liegen 55 m und 76 m ü. d. M., und noch höher
bis zu einer scharf erkennbaren horizontalen Grenze in der Höhe von
95 m (s) bekleiden Geröllsteine die Abhänge. Oberhalb dieser marinen Grenze kommen weder Terrassen noch Ufergerölle vor, und
der obere Theil der Insel zeigt typische »Landskulptur».

Am östlichsten Theil des genannten Vorgebirges kann man
mit einem Blick alle Uferwälle von 20 m bis 95 m ü. d. M. über-
schauen. Tafel III Fig. 2 bildet eine oberhalb 50 m ü. d. M. befindliche Partie derselben ab. Noch weiter östlich sind diese Wälle
aber wie mit einem Messer quer abgeschnitten, indem sie bei
einem steilen Abhang enden, der durch die untergrabende Arbeit
der Wogen bei der Bildung der niedriegeren Terrasse in 20,5 m
Seehöhe entstanden ist. Wenn man nur auf dieser Seite der
Insel die alten Strandlinien untersucht hätte, wäre man leicht zu

der Überzeugung gekommen, dass die marine Grenze 20,5 m
ü. d. M. liegt.

Stellt man die Beobachtungen auf der Insel Kildin zusammen, findet man folgende Strandlinien besonders bemerkenswerth.
Erstens hat man die marine Grenze in 95 m Seehöhe; zweitens
fällt die Uferlinie auf, welche am Westende der Insel 51 m, am
Ostende 49 m ü. d. M. liegt. Auch sie scheint die Grenze einer
Landsenkung zu sein. Die Beweise dafür liefern die verschiedenen Erosionsverhältnisse der Terrasse oberhalb und unterhalb dieser Strandlinie (siehe oben) sowie der Umstand, dass die Ufergerölle von Sandstein oberhalb derselben auffallend mehr von Frostspaltung und Verwitterung angegriffen worden sind, als die-
jenigen auf den niedrigeren Terrassen. Diese Strandlinie scheint
mir mit den marinen Grenzen am Kolafjord (S. 56) zusammen-
gehörig zu sein. Dann muss aber die marine Grenze auf der
Insel Kildin älter als die letzte Vereisung der Halbinsel Kola sein.

Weiter trifft man eine dritte bemerkenswerthe Strandlinie
in 20 m bis 21 m Höhe ü. d. M. an. Sie scheint mir die Grenze
einer letzten Landsenkung zu bezeichnen, weil sie viel ausgeprägter und besser beibehalten ist als alle anderen Strandlinien,
und weil bei ihrer Entstehung ältere Uferbildungen untergraben
und zerstört worden sind.

Auf einer noch niedrigeren Stufe, durch einen 5—6 m hohen
Damm vom Meere abgesperrt, liegt der von Knipovitsch [1] beschriebene Reliktensee auf dem Vorgebirge Mys Mogilnij.

Auf den Felsen gegenüber Kildin scheint die Brandungsgrenze in derselben Höhe zu liegen wie die marine Grenze auf
der Insel.

Teriberka. Östlich vom Kolafjord sieht man auf den Berg-
abhängen Brandungsgrenzen oben beschriebener Art sehr deutlich ausgebildet. Zwischen ihnen erstrecken sich in jeder Thal-
senkung Uferwälle und Terrassen, oder erheben sich Flussdelta-
plateaus. Unter diesen Bildungen sind einige kräftiger entwic-

---

[1] Bull. de l'acad. de S:t Pétersbourg. 5:te Serie. 3. n:o 5.

kelt als die anderen. Bei näherer Untersuchung derselben er-
weist es sich aber sehr oft, dass die mehr ausgeprägten Terrassen oder Uferwälle ihre Entstehung in erster Linie lokalen günstigen Umständen in der Konfiguration des Bodens, Vorhandensein
von geeignetem Material u. dgl. verdanken. In Folge dessen
wird man häufig an Orten, die ganz neben einander liegen, die
deutlichsten Strandlinien mit Ausnahme der marinen Grenze in
verschiedenen, einander nicht entsprechenden Niveauen finden. Bei
der Beurtheilung, welche von ihnen geologisch bedeutungsvol-
leren Zeitpunkten der Niveauschwankungen angehören, muss man
deshalb die nur lokalen Terrassen von solchen unterscheiden, die
allgemein sind, d. h. an mehreren Stellen auftreten.

Der erste Ort, den ich östlich von Kildin besuchte, war Teriberka. Gleich südwestlich vom Dorfe auf der linken Seite des
Flusses eröffnet sich zwischen den hohen Bergen ein mit mächtigen Flussdeltaablagerungen erfülltes Thal, das jetzt von einem
unbedeutenden Bach durchflossen ist: Dicht am Ufer liegt eine
Stufe ca. 8 m ü. d. M., welche dem weiten Delta rechts von
der Flussmündung zu entsprechen scheint. Dann folgt eine breite
von alten Stromrinnen durchfurchte und mit Wällen bedeckte
Deltaterrasse, an deren hinterem Rande ein schönes Blockufer
19 m ü. d. M. (a.) liegt. Ganz steil erhebt sich über dasselbe
der Abhang einer dritten ausgedehnten ca. 46 m ü. d. M. belegenen Deltaterrasse. Noch höher oben sind indessen die Felsen
von losen Bildungen reingespült. Da die Untersuchungen bei
Teriberka während eines kurzen Aufenthaltes des Dampfers aus·
geführt wurden, hatte ich nicht Zeit die Lage der Brandungsgrenze sicher festzustellen.

Gavrilovo. 3 km westlich von Gavrilovo untersuchte ich bei
der Mündung des Woronjeflusses die Strandlinien. Die untersten
werden in den Thalklüften am Ufer von kurzen Wällen aus grobem Gerölle gebildet, von denen die grössten zwischen 16 und
19 m ü. d. M. liegen. Die höheren Geröllewälle sind länger,
und einer von ihnen, der besonders mächtig ist und eine versumpfte Lagune umgiebt, liegt 39 m ü. d. M. Noch höher er-

hebt sich eine breite mit Blöcken bestreute Terrasse, 53 m ü. d.
M., und 65 m hoch liegt eine oberste Terrasse, 2—3 m unter der
Brandungsgrenze. (Alle Bestimmungen sind mit Niveauspiegel
ausgeführt).

Ailio untersuchte die alten Uferbildungen beim Dorfe und
am Hafenplatz Podpachta, 4 km östlich von Gavrilovo, und hat
darüber folgendes mitgetheilt.

»SSW vom Dorfe begegnet man nach mehreren Reihen von
kleineren Wällen einer ausgeprägten Accumulationsterrasse ca.
32 m ü. d. M. (a), worüber noch höher, ca. 47 m ü. d. M., andere
Wälle sich ausdehnen.»

»Östlich vom Dorfe hat man einen Accumulationswall von
grobem Gerölle in 16 m, einen zweiten von feineren Geröllen
in ca. 22 m, einen dritten ausgeprägten in ca. 32 m und
schliesslich einen vierten in ca. 56 m Höhe (barometrische Bestimmungen).»

»Bei Podpachta wurde mit Elving's Spiegel nivelliert:

I. Grenzwall einer Schar von Accumulationswällen 17,36 m,
II. Ausgedehnter Steinacker . . . . 31,0 »
III. Ein Plateau . . . . 54,2 »
IV. Höchster Accumulationswall . . . . 67,2 »
    Brandungsgrenze . . . . 69,21 » »

Wenn man die verschiedenen Resultate der Messungen in
der Umgebung von Gavrilovo zusammenstellt, scheinen folgende
ausgeprägte Strandlinien für verschiedene Lokale gemeinsam zu
sein.

1) Die marine Grenze: 67 m ü. d. M. nach Ailio.
               : 65 m   »   »   » Ramsay.
2) Terrassen: 53 — 56 m.   »   »   »
3) {Strandwall: ca. 39 m ü. d. M.
   {Terrassen: ca. 32 m   »   »
4) Wälle: ca. 16—17 m   »   »

Portschnicha. Etwas östlich von Portschnicha untersuchten
wir die Strandlinien in der Umgebung der Bucht Pustaja Guba
der Insel Ruskij Olenij gegenüber. Hier mündet ein Bach ein,

der eine tiefe Rinne in einem zwischen den Bergen plateauartig
ausgebreiteten alten Delta von Flussgerölle eingegraben hat. An
den zu dieser Plateauebene stossenden Thalwänden ist ein 5—6
m hoher Felsensaum bis an die ehemalige Brandungsgrenze von
losen Bildungen ganz entblösst. Diese liegt nach Messungen in
der Nähe des Meeres, wo die Wellen mit voller Kraft wirken
konnten, 69 bis 70 m ü. d. M. Die marine Grenze scheint durch
eine Terrasse 62 m ü. d. M. bezeichnet zu werden. (s).

An den Ufern der Bucht trifft man zwei niedrige deutliche
Terrassen an, die eine in 29 m, die andere in 14 bis 15 m Höhe
ü. d. M. (s).

Etwas NNW von der Bucht Pustaja Guba breitet sich eine
besonders schön entwickelte Abrasionsterrasse aus, die von den
niedrigen Uferfelsen allmählich bis zu einigen Sandwällen am
Fusse einer untergrabenen Wand von Grus und Gerölle sich erhebt. Mehrere Erosionsrinnen, die diese durchfurchen, hören an
der Terrasse auf. Nach dem von Ailio ausgeführten Nivellement
mit dem Spiegel beträgt die Höhe derselben 25 m ü. d. M.

Kekora. Bei den Buchten auf beiden Seiten des Vorgebirges maas ich (a) die Höhe mehrerer Strandlinien, nämlich:

1) Südöstlich von der südlichen Bucht:

    7   m ü. d. M. eine Terrasse von Sand,

    27   »   »   »   ein steiniges Plateau, welches ein Thal
                        absperrt.

    49   »   »   »   etwas nördlich davon eine breite Abra-
                        sions-Terrasse am Abhange einer grossen
                        Flussablagerung.

    56   »   »   »   Oberes Plateau derselben.

2) Zwischen den beiden Buchten:

    16 m ü. d. M. ein gewaltiger Wall von Geröllsteinen, (auf
            welchem ein hölzernes Kreuz steht).

    26 bis 27 m ü. d. M., landeinwärts von diesem Ort, lange
            und deutliche Accumulationswälle und -terrassen von
            Geröllsteinen.

3) Westlich von der nördlichen Bucht:

15—16 m ü. d. M. eine nicht scharfe Terrasse.

26—27 m » » eine zweite solche.

38 m ü. d. M. ein breites Deltaplateau.

57 m » » etwas nördlich davon das Plateau einer anderen Flussablagerung.

Die Brandungsgrenze ist überall sehr deutlich 62 bis 65 m hoch ü. d. M. Die marine Grenze ist westlich von der südlicheren Bucht durch ein hohes Flussdelta und ein Blockufer bezeichnet, 60 m ü. d. M. (a).

Ailio bestimmte in der Nähe von Kekora eine ausgeprägte Strandlinie 48 m und eine niedgere 14 m ü. d. M. (s).

Rynda. Der Fluss Rynda mündet in's Meer durch ein enges Thal ein, das gleich oberhalb des Dorfes sich erweitert, um sich wieder 2—3 km von der Mündung zu verengern und ca. 4 km davon sich zum zweiten Mal zu öffnen. Alle Ufer bestehen aus alten Ablagerungen von Flussgerölle und -sand, und an den weiteren Stellen des Thales sieht man grosse Terrassen dieser Bildung. In früheren Zeiten scheint der Fluss auch einen östlicheren Abfluss gehabt zu haben, denn in den Richtungen nach Schubina und Baryschicha hin sind die Thäler mit Flussablagerungen erfüllt.

Die Flussterrassen in der Nähe des Dorfes liegen in sehr verschiedenen Höhen. Man findet solche in 3, 5, 9, 20 und 29 m Höhe ü. d. M. Sie sind gewöhnlich nicht sehr lang und auch oft nicht ganz horizontal. Besser entwickelt sind die ganz horizontalen und 30 m hohen Terrassen auf beiden Seiten der Verengerung des Thales ca. 2 km flussaufwärts. In der Thalerweiterung oberhalb dieser Stelle breitet sich ein ca. 38 m hohes, nicht ganz ebenes Plateau von Flussablagerungen aus. Noch weiter stromaufwärts scheinen diese Ablagerungen das Thal bis zur marinen Grenze zu erfüllen.

Diese ist allenthalben als Grenze des früheren Brandungssaumes deutlich entwickelt, der an der offenen Küste bis zu 67 m ü. d. M., an den geschützten Seiten der Berge nur bis 61 m sich erstreckt. Genauer scheint sie durch eine Terrasse und einen

kleinen Accumulationswall dicht unter der Brandungsgrenze am
Berge südlich vom Dorf auf dem Weg nach Baryschicha bezeichnet zu sein. Sie liegt nach Nivellement mit Spiegel 58 m ü. d. M.

Da die unteren Terrassen bei Rynda Flussbildungen sind,
suchte ich östlich von diesem Oste in den Buchten bei Schubina,
Baryschicha, Krasnaja Guba und Luschky echte durch Meeresein-
wirkungen entstandene Strandlinien.

Bei Schubina maass ich mit dem Aneroid:

ca 16 m ü. d. M. eine untere Terrasse,

» 30 » » » » obere »

Zwischen Schubina und Baryschicha breitet sich ein 38 bis
40 m hohes Plateau von Flusssand und Gerölle aus.

Bei Baryschicha fand ich westlich von den Lappenwoh-
nungen:

ca 15 m ü. d. M. (s) hohen Wall von Ufergeröllsteinen.

» 26 m » » » scharfe horizontale Terrasse,
und südlich von den Lappenhäusern:

ca 30 m ü. d. M. (a) Abrasionsterrasse (hinter dem Begräbniss-
platz).

» 43 m » » » » »

» 58 m » » » Plateau dicht unter der marinen Grenze.

Krasnaja Guba ist von Wällen aus Ufergeröllsteinen von
der gegenwärtigen Uferlinie bis zur marinen Grenze amphitheatralisch umgeben. Die deutlichst ausgeprägten sind die in ca. 15
m, 30 m (die grösste) und 58 m (die marine Grenze) Seehöhe (a)
liegenden.

Bei Luschky, ca. 7 km östlich von Rynda breitet sich zwischen den Bergen ein Plateau von losen Ablagerungen aus, dessen höchste Partie die Höhe von ca. 56 m, d. h. ungefähr die
marine Grenze erreicht. An seinem Nordabhang ist eine breite
und gut entwickelte Abrasionsterrasse zu sehen, die 41 m ü. d. M.
liegt (s).

Solotaja Guba. Der bei Solotaja Guba herabkommende
Fluss und seine Nebenflüsse durchziehen alte mächtige Deltaablagerungen mit gut entwickelten Plateauen, Abrasions- und

Deltaterrassen. Die höchsten von ihnen liegen einige km von der Mündung nahe zur marinen Grenze, welche ca. 57 m ü. d. M. sich befindet. (Die Brandungsgrenze geht bis zur Höhe von 59 m, an der Meeresseite sogar bis 65—66 m ü. d. M.). Unter den niedriger belegenen Terrassen ist besonders eine sowohl auf beiden Seiten des Flusses wie am offenen Meere breit und gewaltig entwickelt und liegt ca. 41 m ü. d. M. Eine deutliche Deltaterrasse sieht man auch 11 m ü. d. M.

Stellen wir jetzt die Beobachtungen auf der Küstenstrecke Solotaja Guba — Rynda zusammen, so sehen wir folgende ausgeprägte Strandlinien theils von allgemeiner, theils von nur lokaler Entwicklung:

	Solotaja Guba.	Luschky.	Krasnaja Guba.	Bary-schicha.	Schu-bina.	Rynda.
I. Die marine Grenze	57 m	—	58 m	—	··	58 m
Plateaus dicht unter derselben . . .	—	56 m	—	58 m		—
II. Strandlinie . . .	41 m	41 m	—	43 m	—	—
Plateaus dicht unter-halb derselben . .	—	—	—	38—40 m	—	38 m
III. Strandlinie		—	30 m	30 m	30 m	30 m
		—	—	26 m	—	—
		—	—	—	—	20 m
IV. Strandlinie	—	—	13 m	15 m	16 m	—
	11 m	—	—	—	—	—

Mys Tschegodajeff. Auf den Felsen beim Vorgebirge Mys Tschegodajeff liegt die Brandungsgrenze ca. 55 m ü. d. M. (a), die marine Grenze wahrscheinlich bei einem kleinen Blockufer ca. 52 m ü. d. M.

Charlofka. Zu den am prachtvollsten entwickelten Delta- und Flussterrassen an der Murmanküste gehören die bei Charlofka. In den beigefügten Profilen (Fig. 5 a u. 5 b) habe ich die wichtigsten unter ihnen auf beiden Seiten des Flusses bis zu ca. 5 km von der Mündung vermerkt.

Gerade an der Mündung dem offenen Meere zugewendet erheben sich ausgedehnte horizontale Deltaterrassen bis zu 35 m

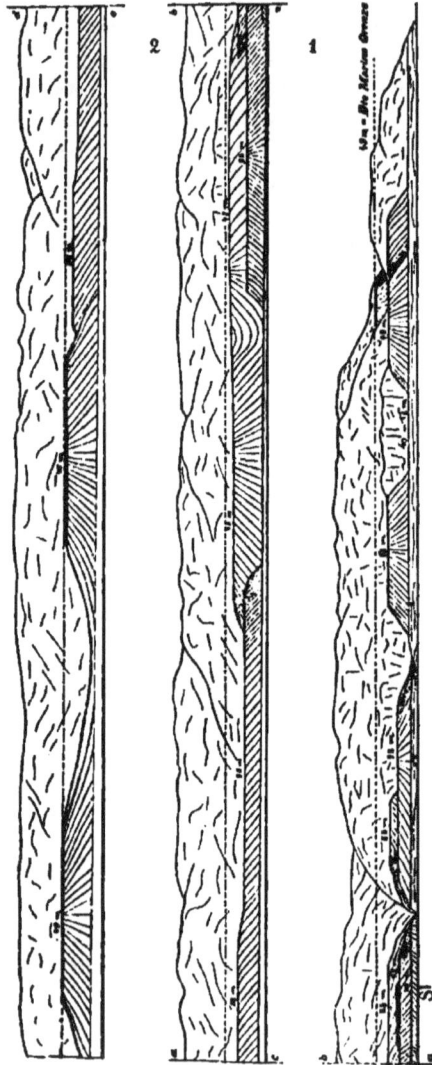

Die Terrassen am linken Ufer des Flusses Charlofka

Fig. 5 a.

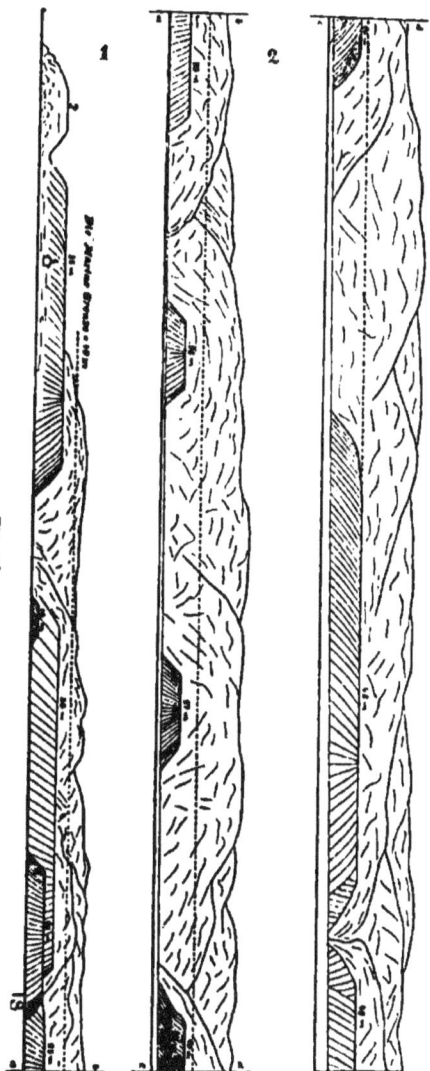

Fig. 5 b.

Die Terrassen am rechten Ufer des Flusses Charlofka

ü. d. M. (s). (Tafel IV, Fig. 1). Niedriger als diese hat man eine
Flussterrasse bei 23 m (s) und ein nicht ganz ebenes Deltaplateau
bei ca. 10—13 m Höhe an der Flüssmundung. Höher als das 35
m hohe Delta befindet sich links von der Flussmundung noch ein anderes bei ca. 48 m ü. d. M. Nicht weit von ihm in einer Einbuch-
tung zwischen den Bergen ist die marine Grenze durch ein Blockufer 49 m ü. d. M. (s) bezeichnet. In etwas höherem Niveau,
zwischen 50 m und 55 m wechselnd, sieht man allenthalben deutlich die Brandungsgrenze.

Die erwähnten Terrassen, die von mittelgroben Geröllen und
Sand gebildet sind, erstrecken sich flussaufwärts bis an die Stelle,
wo die Stromschnellen anfangen (Buchstabe S in der Fig. 5).
Hier bilden sie links vom Flusse breite Plateaus, welche Reste
von Deltabildungen sind. Südlich derselben erhebt sich ein etwas
unebenes und mit grossen Blöcken erfülltes Plateau bis zu 47 m
ü. d. M. (a) Es scheint als wenn in früheren Zeiten eine Strom-
schnelle darüber hinweg gegangen wäre.

Flussaufwärts von diesem Ort erstrecken sich verschiedene
Terrassen in wechselnden Höhen, bis man ca. 4 bis 5 km vom
Dorfe an ein ausgedehntes Deltaplateau gelangt (Tafel IV, Fig. 2),
das sich bis an die marine Grenze erhebt. Hier lag wohl die
Flussmündung zur Zeit des Maximums der Landsenkung.

Wenn man von den oberhalb der Stromschnellen belegenen
Flussterrassen absieht, scheinen die wichtigsten alten Strandlinien
in den Seehöhen von 13 m, 23 m, 35 m und 49 m (marine Grenze)
zu liegen.

Litsa. Östlich der Flussmündung bei Litsa breiten sich sandige Deltabildungen bis zu 23 m ü. d. M. aus. Oberhalb derselben liegt ein Saum freigewaschener Blöcke bis zu einer Terrasse in 28 m Höhe. Dann folgen wieder Reihen von Uferblöcken bis zur marinen Grenze in der Seehöhe von 45 m. Die
Brandungsgrenze erstreckt sich bis ca. 50 m ü. d. M. Alle diese
Bestimmungen sind von Ailio mit dem Aneroid ausgeführt.

Warsinsk. Ailio hat die Strandlinien in der Umgebung

von Warsinsk von der Bucht Kruglaja Guba bis zur Insel Nokujeff genauer untersucht und darüber folgendes mitgetheilt:

»1) Die Bucht Kruglaja ist von einer scharf entwickelten
Terrasse in der Höhe von 12 m ü. d. M. (s) umgeben.»

»2) In einer Bucht ungefähr auf dem halben Weg zwischen
Kruglaja und der Mündung von Warsina (lappisch Arsjok) liegen
Scharen von Wällen aus Ufergeröllsteinen hinter einander und
von ihnen sind die 17 m und 30 m ü. d. M. belegenen (a) besonders auffallend.»

»3) Ca. 2 km nördlich von der Mündung des Arsjok befindet sich zwischen den Granitfelsen eine kurze Kluft, die durch
Auswitterung eines Diabasganges entstanden ist und in der Richtung N 20° E streicht. In ihr trifft man eine untere Accumulationsterrasse von Strandklapper in 11 m (a) und eine obere in
37 m Höhe ü. d. M. (a) an. Diese letztere ist die marine Grenze,
denn gleich oberhalb derselben liegt die vom Wellenschlag un-
berührte Moräne auf dem anstehenden Gestein.»

»Die erwähnte Kluft mündet in ein am oberen Ende geschlos-
senes Thal ein, auf dessen Abhängen die Strandlinie bei 37 m
deutlich hervortritt.»

»4) Etwas nördlich von der Mündung des Arsjok liegt in
einem langen schmalen Thal eine Terrasse 19 m ü. d. M. (a).»

»5) Gleich westlich von der Flussmündung begegnet man
Dünenbildungen, welche einen kleinen See zwischen den Bergen
aufgedämmt haben. Die Höhe der Dünen beträgt 12 m ü. d. M.
(a). An ihrem Fusse 9 m ü. d. M. (a) liegen Uferblöcke.»

»6) Auf dem Vorgebirge östlich von der Flussmündung wird
eine halbkreisförmige Bucht 10 m ü. d. M. (a) von einer Abrasionsterrasse in alten Flussablagerungen umgeben, die nach oben
von einer Ebene bei 26 m (a) Höhe begrenzt sind.»

»7) Beim Dorf Warsinsk breitet sich ein von Flussgerölle
und Sand gebildetes 23,6 m hohes Plateau aus, an dessen Abhang eine Abrasionsterrasse in 12,7 m Höhe (s) zu sehen ist.
(Tafel V, Fig. 1). Die umgebenden ca. 80 bis 90 m hohen Berge
sind bis zu etwas über 36 m ü. d. M. von Moräne freigewaschen.»

»8) Bei der Drosdofka-Bucht liegt die Brandungsgrenze ca.
37 m ü. d. M. (a), und breitet sich eine 24 m hohe Deltaablage-
rung aus, welche mit der bei Warsinsk zusammenhängt.»

»9) Auf der Westseite der Insel Nokujeff breiten sich wall-
und terrassenförmige Accumulationen von faust- bis kopfgrossen
Ufergeröllsteinen aus. Hier bemerkt man eine untere Strandlinie
in 10,4 m und eine obere in 36,6 m Höhe ü. d. M. (s), welche
die marine Grenze ist.»

Stellen wir jetzt die Beobachtungen zusammen, so finden
wir, dass folgende Strandlinien von allgemeiner Entwicklung sind:

```
                     9)    8)     7)    6)    5)    4)    3)    2)   1)
I. Die marine Grenze 36,6 m 37 m 36 m  —    —    — 37 m  —   —
                      —    —     —    —    —    —    — 30 m  —
II. Deltaplateaus . . — 24 m 23,6 m 26 m  —    —    —    —   —
                      —    —     —    —    —  19 m  —    —   —
                      —    —     —    —    —    —  — 17 m  —
I Terrassen und Wälle 10,4 m —{12,7}{      }{12,5}  — 11 m 12 m —
                              {    }{10 m}{9 m}
```

Es scheint mir aus den Beobachtungen von Teriberka bis
Warsinsk hervorzugehen, dass unter den· zahlreichen Strandlinien,
die zwischen dem gegenwärtigen Ufer und den marinen Grenzen
vorkommen, die folgenden mehr ausgeprägten mit einander zu-
sammengehörig sind:

	I Die marine Grenze.	II	III »Deltastrand-linie».	IV	V »Bimsteinsstrand-linie».
Teriberka . . .	—	—	46 m	—	19 m
Gavrilovo . . .	65 m	55 m	((?) 32 m)	—	16 »
Portschnicha . .	62 »	—	?	26 m; 29 m	15 »
Kekora. . . .	60 »	48 m	38 m	27 m	15 »
Rynda	58 »	—	40 »	30 »	16 »
Solotaja Guba .	57 »	—	41 »	—	(Delta: 11 m)
Tschegodajeff .	52 »	—	—	—	—
Charlofka . . .	49 »	—	35 m	23 m	13 m
Litsa.	45 »	—	(28 »)	—	—
Warsinsk . . .	37 »	—	24 »	17—19 m	11 m

Von diesen können die marinen Grenzen nach den Schlussfolgerungen, die aus den Beobachtungen auf der Fischerhalbinsel
und der Insel Kildin gezogen wurden, entweder alle für jünger,
ein Theil von ihnen für jünger und ein anderer für älter oder
auch alle für älter als die letzte Vereisung der Halbinsel Kola
gehalten werden, je nachdem man beweisen kann, dass das Inlandseis während derselben die Murmanküste gänzlich, nur an
gewissen Strecken oder gar nicht überschritten hat. Es scheint
mir aus den Untersuchungen hervorzugehen, dass alle marinen
Grenzen zwischen Teriberka und Warsinsk zu derselben Epoche
entstanden sind, denn ihre Werthe gehen von Gavrilovo an mit
stetigem Fallen nach Südosten hin in einander allmählich über.
Sie für *nach* der letzten Eiszeit entstanden zu halten, läge vielleicht am nächsten, da ihre nach Südosten hin fallenden Werthe
auf einen Übergang in die ganz niedrigen Beträge hinzuweisen
scheinen, welche die Untersuchungen der marinen Grenzen in der
Moräne auf der Ostseite der Halbinsel ergeben haben. Auch nach
Westen hin lassen sie sich in Zusammenhang mit den an der
Mündung des Kolafjord gefundenen Zahlen bringen (vergl. Fig.
4). Es ist noch weiter zu bemerken, dass die Beschaffenheit
der oberen Terrassen nicht — oder wenigstens nicht so deutlich
wie auf der Fischerhalbinsel und der Insel Kildin — auf eine Bildung in einer viel älteren Epoche als die unteren hinweist, was
indessen von dem gegen Erosion und Verwitterung widerstands-
fähigeren Material derselben abhängen kann.

Für ein interglaciales Alter der marinen Grenzen sprechen
aber folgende Umstände. Erstens scheint es mir sehr natürlich
vorauszusetzen, dass das Landeis, welches die Fischerhalbinsel und
die Insel Kildin in der letzten grossen Eiszeit nicht mehr überfloss
noch östlicher davon nicht mehr die Ausdehnung haben konnte
um über die Murmanküste in's Eismeer zu gelangen.

Zweitens lenkt unter den anderen Strandlinien besonders die
als III bezeichnete die Aufmerksamkeit auf sich, indem dicht an
ihr bei fast allen Flüssen sehr grosse Deltas entstanden sind,
z. B. das gemeinsame grosse Schwemmland von Ivanotka, Dros-

dofka, und Warsina (24 m), die Plateaus und Flussterrassen bei
Charlofka (35 m), Solotaja Guba (41 m), Rynda (38—40 m), Kekora (38 m) und Teriberka (46 m). Die Flüsse müssen zur Zeit
der Bildung derselben viel wasserreicher und kräftiger als gegenwärtig gewesen sein, und es scheint mir nicht unwahrscheinlich,
dass diese Deltas bei der Abschmelzung des letzten grossen Landeises gebildet wurden, welches sich nicht bis zur Küste erstreckte,
während die Schwemmplateaus dicht an den marinen Grenzen bei
einer früheren Abschmelzungsperiode entstanden.

Wegen des Mangels an Fossilien und anderen entscheiden-
den Merkmale auf den Terrassen habe ich mir keine feste Überzeugung bilden können, welches von den aufgestellten Alternati-
ven das wahrscheinlichere ist. Aus den oben angegeben Gründen
habe ich doch demjenigem den Vorzug gegeben, nach welchem
die marinen Grenzen interglacialen Alters sind, und die »Delta-
strandlinie» III die Grenze der Landsenkung nach der letzten
grossen Vereisung der Halbinsel Kola bezeichnet.

Unter den Strandlinien auf noch niedrigeren Niveauen sind die
Grenzen postglacialer Landsenkungen zu suchen, wenn solche
nachweisbar sind. Eine gewisse Bedeutung in dieser Hinsiht
möchte ich der Strandlinie V zuschreiben. Es mag noch an die
sehr kräftig entwickelten Abrasionsterrassen, welche sich bei derselben in den alten Flussplateauen gebildet haben (Taf. V, Fig. 1),
sowie auch daran erinnert werden, dass gerade etwas unterhalb
derselben angeschwemmte Bimsteine derselben Art angetroffen
werden, wie sie auf der Fischerhalbinsel in der Nähe der Grenze
der dritten Landsenkung gefunden worden sind (Siehe weiter
unten).

Die zwei deutlichen Strandlinien in den Höhen von 46 m
und 19 m ü. d. M., bei Teriberka scheinen mir den ausgeprägten
Terrassen von 50 m und 21 m Seehöhe auf Kildin, dem nächstliegenden untersuchten Ort im Westen, zu entsprechen.

Jokonsk. Auf der Fahrt zwischen Warsinsk und Jokonsk
bemerkt man schon vom Meere aus, dass die freigewaschenen unteren Theile der Berge immer niedriger werden. Beim Dorfe Jo-

konsk trafen wir schon bei 30 m ü. d. M. thonige, vom Meere
nicht berührt gewesene Moräne an. Leider war die marine Grenze
hier nicht deutlich entwickelt und zu Untersuchungen in weiterer
Entfernung vom Dorfe war uns nicht Zeit übrig. Eine schöne
Terrasse bemerkt man indessen der Mündung des Jokongaflusses
entlang in der Höhe von ca. 5 m, und vom Dampfer, mit dem
wir abfuhren, sahen wir auf der Insel Medveschij zwei Strandlinien, nach unserer Schätzung ca. 25 m und 10 m ü. d. M. liegend.

Feilden [1]) hat bei Jokonsk (»Ukanskoe») folgende Beweise
einer Landhebung gefunden:

Ausgewaschene »boulders» in den Thalmulden und die Terrasse an der Flussmündung, 20' ü. d. M.

An der Terschen Küste.

Ponoj. Die näheren Untersuchungen in der Umgebung des
Dorfes Ponoj lassen vermuthen, dass hier keine erheblichen Landhebungen nach der letzten Eiszeit stattgefunden haben.

Das Dorf selbst liegt allerdings auf alten Flussterrassen von
Sand und Gerölle, von denen eine ca. 10—15 m hohe sehr deutlich ist und sich mehrere km flussaufwärts erstreckt. An den
steilen Thalwänden kann man auch hier und da kurze Terrassen
entdecken, von denen die höchsten sich ca. 80 bis 90 m ü. d. M.
befinden. Aller Wahrscheinlichkeit nach sind jedoch wohl diese
hochliegenden Flussterrassen bei der Durchgrabung der Moräne,
welche einst den unteren Thallauf des Ponoj erfüllte, und nicht
bei einer Landsenkung gebildet worden, denn schon an der Mündung des Flusses sieht man Spuren einer nur geringen Landhebung, indem die frühere Brandungsgrenze nicht einmal 1 m über
der gegenwärtigen liegt.

An der offen liegenden Küste bei Triostrova sah ich ebenfalls
keinen alten Brandungssaum über den gegenwärtigen, und ebensowenig fand ich Terrassen oder Deltas an der Mündung des Ba-

---

1) Q. J. G. S. *52*. 726.

ches Rusinicha oder in der kleinen Bucht südlich von Triostrova.

In der Umgebung des Leuchtthurmes Orloff widersprechen die
Verhältnisse auch der Annahme einer Landhebung. Allerdings
sind die mässig geneigten Felsen in der Nähe des Leuchtthurmes
vollständig entblösst bis zu einer Höhe von ca. 30 m ü. d. M.,
aber gleich westlich davon erstrecken sich die losen Bildungen
bis an's Meer ohne dass man in ihnen Strandbildungen entdecken kann.

Am innersten Ende der Bucht Gubnoj befindet sich eine
kleine Partie von fest anstehendem Sandstein, einem Material, in
welchem Terrassen sich leicht ausbilden können, und woraus sehr
schöne Ufergeröllsteine entstehen. Oberhalb des gegenwärtigen
Meeresniveaus sind indessen keine Strandlinien zu sehen.

Kusminskaja. Beim Fischfangplatz (тони) Kusminskaja, ca.
10 km südlich von der Mündung des Ponojflusses, werden schon
Merkmale der Landhebung sichtbar. Die Grenze, bis zu welcher
die Felsen aus der mächtigen Moränendecke freigewaschen worden sind, wird nämlich jetzt nicht mehr von den Sturmwellen
bespült, denn eine reichliche Vegetation von Moos und Gras hat
sich schon an den entblössten Felsenpartien zwischen den früheren
und gegenwärtigen Brandungsgrenzen angesiedelt. Eine Erhebung
von mehr als 1 m hat hier stattgefunden, und je mehr man von
diesem Ort südwärts längs der Küste fährt, um so höher findet
man die marine Grenze.

Krasnaja Scholka. Beim Fischfangplatz Krasnaja Scholka,
ca. 15 km nördlich vom Dorfe Sosnofka, beobachtete ich Uferwälle
von kleinen Strandgeröllsteinen bis zu 3 m über dem Hochwas-
serstande. Aber noch 8 m ü. d. M. sieht man entblösste Felsen
von Hornblendeschiefer, deren dem Wellenschlag ausgesetzte Ecken abgerundet worden sind.

Sosnofka. Um das Lappendorf Sosnofka herum breiten sich
in ganz offener Lage gegen das Meer plateauartige Deltabildungen von Flussgerölle und Sand auf dem Hornblendegneiss aus.
Erstens hat man hier 7 m ü. d. M. (s) eine weite untere Ebene

auf welcher das Dorf liegt. Über ihr erheben sich kleinere
Plateaus ungefähr bis an das Niveau der marinen Grenze, die
südlich vom Dorfe durch eine horizontale Reihe von Uferblöcken
bezeichnet ist, über welcher die hügelige Moränenlandschaft keine
Spuren von Einwirkung des Meeres aufweist. Diese marine Grenze
befindet sich 15 m ü. d. M. (s).

Babja. Auf den aus losem Material bestehenden Hügeln
südlich von Babja (an der Mündung des Akjok) kommen Terrassen vor. Die höchsten derselben sind allerdings recht verwischt, aber doch deutlich genug um eine marine Grenze erken-
nen zu lassen, die 17 m ü. d. M. liegt (s). Auf niedrigeren Niveauen in der Nähe sieht man entblösste Felsenpartien.

Pjalitsa. Die Flüsse Pjalitsa und Pjalka, werden am Dorfe
Pjalitsa, wo sie sich vereinigen, von Deltaablagerungen von Sand
und Gerölle umgeben. Diese werden nach oben von einem nicht
ganz horizontalen, von seichten Rinnen durchfurchten, ca 25 m
hohen Plateau begrenzt, dessen Niveau ungefähr die marine
Grenze zu bezeichnen scheint. In den losen Bildungen an der
Flussmündung und am offenen Meere breiten sich einige Terrassen aus, unter denen diejenige in ca. 10—11 m Höhe ü. d. M.
die ausgeprägteste ist.

Tschapoma. Auch hier kommen mächtige deltaähnliche Bildungen vor, in denen deutliche Terrassenplateaus sich 12, 18
und 20 m ü. d. M. befinden (a). Indessen waren keine alten
Uferlinien zu entdecken, welche die marine Grenze bezeichnen
würden.

Tetrina-Tschavanga. Nördlich von der schmalen und niedrigen Terrasse, auf welcher das Dorf Tetrina liegt, erheben sich
ganz steile Moränenhügel bis zum Niveau von 65 m ü. d. M., deren
Oberfläche keine Spuren von Bearbeitung durch Wogen zeigt.
Man wird hier davon überzeugt, dass die Landsenkung nach der
Ausbreitung der Moräne den Betrag von 35—40 m nicht überstiegen hat.

Zwischen Tetrina und Tschavanga erstreckt sich ununterbrochen dem Ufer entlang eine sehr deutliche alte Strandlinie,

die beim Vorgebirge Gurja 5 km westlich von Tetrina, als Terrasse auf anstehendem Sandstein ausgebildet ist. Auf ihr liegen Accumulationswälle von ellipsoidischen Sandsteinsgeröllsteinen
bis zu 13,5 m ü. d. M. (s). Darüber erhebt sich eine steile Wand
von losen Ablagerungen, die von zahlreichen Thalfurchen und
Erosionsrinnen durchschnitten ist. Diese hören aber bei der Terrassenebene auf, indem ihre unteren Enden von den erwähnten Accumulationswällen aufgedämmt werden. Das Ganze erinnert sehr lebhaft an die Terrassen des »Steinalters», welche De
Geer[1] vom nördlichen Jütland und von Kähärilä unfern Wiborg
in Finnland abbildet. Es liegt nämlich auch hier bei Gurja offenbar die Grenze einer Landsenkung vor, doch nicht die marine
Grenze, denn diese befindet sich gewiss höher.

Ungefähr 7—8 km östlich von Tschavanga wird diese
Strandlinie von einem langen, 3—4 m hohen Uferwall bezeichnet,
innerhalb welches ein lagunartiger Morast sich ausdehnt.

Nach Westen hin steigt sie und liegt bei Tschawanga, wo
sie als eine breite Abrasionsterrasse in einem älteren Delta ausgebildet ist, 15,5 m ü. d. M. (s).

Dasselbe wird westlich vom Dorfe von Plateauebenen in den
Höhen von 28 m und 32 m ü. d. M. begrenzt. Die marine Grenze
liegt wohl etwas höher, aber konnte nicht sicher festgestellt werden. Die Uferlinien sind vielleicht durch die alten Dünenbildungen nördlich vom Dorfe verdeckt worden.

Kusomen-Warsuga. Die erwähnte Strandlinie zwischen Tetrina und Tschavanga setzt sich immer deutlich ausgebildet zwischen Tschavanga und Kusomen fort. Bei dem letzgenannten Ort
liegt sie am inneren Rande einer breiten mit Flugsand und Dünenbildungen bedeckten Strandebene, ca. 6 km westlich vom Dorfe,
ungefähr 19 m ü. d. M. (a).

Auch in noch grösseren Höhen ist der ganze Boden zwischen Kusomen und Warsuga mit waldbewachsenem Flugsand bedeckt. Erst in ca. 50 bis 60 m Seehöhe begegnete ich gröbe-

---

[1] Skandinaviens geografiska utveckling. S. 127 und 128.

rem Material, Steinen und Blöcken, in anscheinend supramarinen
Bildungen.

Das Dorf Warsuga liegt auf niedrigen Terrassen zu beiden
Seiten des Flusses. Östlich davon erhebt sich ein ganz ebenes,
horizontales Deltaplateau ca. 45 m ü. d. M. nach einer nicht ganz
zuverlässigen Bestimmung mit dem Aneroid. Etwas höher, ungefähr bis zum Niveau von 55 m ü. d. M. breitet sich waldbewach-
sener Dünensand aus, und noch weiter oben besteht der Boden
aus supramarin gewesener Moräne. Die marine Grenze liegt somit
ca. 50 bis 55 m ü. d. M., die frühere Uferlinie selbst ist aber
hier von Flugsand verhüllt.

Kusomen-Turja. Die schon oft besprochene untere Strandlinie auf der Südküste der Halbinsel Kola setzt sich nach Ailio's
Mittheilungen deutlich und ununterbrochen zwischen Kusomen und
dem Vorbirge Turja fort, nach Westen hin immer ansteigend. 1
km westlich vom Vorgebirge Karabli liegt sie beim Fischfangplatz Gachka bei einer mächtigen Abrasionsterrasse im anstehenden Sandstein 18,3 m ü. d. M. (s).

NNW von Kaschkarentsy ist sie durch eine schöne Abrasionsterrasse im losen Material 21 m hoch ü. d. M. (s) bezeichnet.

Nördlich von Salnitsa breitet sie sich als eine »Wall« (Валъ)
genannte Abrasionsterrasse bis zu 25,7 m ü. d. M. (s) aus.

Turja. Auf dem Berg Ljätnaja Gora auf der E-Seite des
Vorgebirges Turja kann man nach Ailio zwei ausgeprägte Strandlinien unterscheiden. Die obere, die marine Grenze, ist auf den
Süd- und Nordwestabhängen durch Abrasionsterrassen und Accumulationswälle in der Höhe von 99 m ü. d. M. (a) gebildet.

Die untere wird durch Accumulationswälle und in ihrer weiteren Fortsetzung, östlich vom Vorgebirge, durch eine 34 m ü.
d. M. belegene Terrasse bezeichnet.

•

Am Golfe von Kandalakscha.

Umba. 1,5 km NNW vom Dorfe liegen die Höhen Pailskije
Waraki. Auf der östlichen derselben befinden sich Accumulatio-

nen von Ufergeröllen 110 m ü. d. M. (a), und auf beiden Anhöhen sehr deutliche Grenzen der ehemaligen Brandungen 116,5 m
ü. d. M. (a). (Nach Ailio's Mittheilung).

Porja Guba. Ungefähr 2 km ENE von Porja Guba findet
man auf dem Berge Tschernitsa schwach entwickelte Accumulationswälle von Strandklapper und -grus 119,8 m ü. d. M., oberhalb welcher Höhe die Spuren der Einwirkung des Meeres aufhören (Ailio).

Kandalakscha (Siehe oben, S. 49).

Kovda. Auf dem Vorgebirge nördlich vom Fjorde bei Kovda
liegt der 150 bis 160 m hohe Berg Tolstik. Wir bestiegen ihn
von der Nordwestseite, welche die Stosseite der Gletschermassen
war. Der Abhang ist vom Fusse des Berges bis zu der Höhe
von 138 m ü. d. M. frei von allen losen Bildungen und Blöcken,
mit Ausnahme einiger durch Frostspaltung enstandener Gesteins-
stücke. Oberhalb der genannten Höhe begegnet man dagegen
zahlreichen fremden Blöcken und Geschieben, welche die Wellen
sicher weggeführt hätten, wenn sie so hoch gekommen wären.
Die deutliche Brandungsgrenze ist auch auf der Südseite des
Berges zu sehen.

An der Pomorschen Küste und auf den Solovetskie-Inseln.

Kem. Auf dem Berge Mänteläisvaara beim Dorfe Podu-
schema 19 km WSW von der Stadt Kem liegt die sehr deutliche
Brandungsgrenze 92 m ü. d. M., nach barometrischer Bestimmung
von Ailio. .

Die Solovetskie-Inseln. In den Moränenmassen der Solovetskie-Inseln hat Inostranzeff [1]), durch dessen ausführliche Untersuchungen wir eine so genaue Kenntniss der Geologie dieser Inseln erhalten haben, deutliche alte Strandlinien beobachtet, unter
anderen die schönen Uferwälle auf der Westseite der Insel Ansersk. Faussek [2]), welcher im allgemeinen die Richtigkeit der

---

[1]) Тр. С. Нб. Обш. Естеств. з. 242.

[2]) l. c. S. 31.

Beobachtungen von Inostranzeff bestätigt, scheint indessen zu be-
zweifeln, dass diese horizontalen Reihen von Geröllen Uferbildungen sind. Bei meinem dreitägigen Aufenthalt auf diesen Inseln
konnte ich dagegen der Auffassung von Inostanzeff nur bei-
stimmen und machte im übrigen folgende Beobachtungen über
Strandlinien.

In der nächsten Umgebung des Klosters sieht man beim
ersten Anblick keine deutlichen Beweise für Landhebung, weder
gehobene Uferterrassen noch Uferwälle. Doch entdeckt man in
bedeutender Entfernung vom Ufer geschichtete Sandablagerungen
und freigewaschene Blöcke.

Das erste deutliche Ufer traf ich am Wege vom Kloster
nach Sekirnaja Gora an, bei der ersten Abzweigung nach Sava-
tjevskij Pustin. Auf seiner Ostseite erstreckt sich hier eine breite,
horizontale, mit grossen Blöcken besäïte Terrasse mit Blockufer
am Fusse eines Geschieberückens. Ihre Höhe beträgt ca. 23 m
ü. d. M. nach barometrischer Bestimmung.

In der gleichen Höhe umgiebt eine breite Terrasse, voll
grosser Blöcke, den hohen Moränenhügel Sekirnaja Gora, und
auf dessen Südseite erhebt sich noch 3,25 m höher eine kleine
aber deutliche zweite Terrasse, über welche der Weg sich hinzieht.

Hat man einmal diese deutlichen Terrassen gesehen, findet
man leicht die von ihnen bezeichnete Strandlinie in ca. 23 m
Seehöhe mehr oder wenig deutlich am Fusse fast aller Höhen auf
den Solovetskie-Inseln wieder. Sehr gut entwickelt ist sie z. B.
in einem Blockufer ca. 2 km vom Kloster links vom Wege nach
Ansersk, und in einer langen breiten Terrasse am Rande eines
Torfmoores an demselben Wege zwischen dem 9:ten und 12:ten
km vom Kloster.

Derselbe Weg durchschneidet ca. 14 km vom Kloster in der
Nähe von Rebalda einen langen Geröllerücken, bis an dessen ca.
22 m ü. d. M. gelegenen Grat vom Ufer an aufwärts kleine Uferwälle und Blockufer hinter einander sich erstrecken.

Auf Grund dieser Beobachtungen war ich anfangs geneigt
die Strandlinie in der Höhe von ca. 23 m oder vielleicht 3,25 m

höher für die marine Grenze zu halten, als meine Untersuchungen
der von Inostranzeff beschriebenen Uferwälle auf der Insel Ansersk mich zu einer anderen Auffassung brachten.

Die Westseite dieser Insel ist mit langen parallelen Reihen
von Geröllewällen überkleidet, welche der Weg von der Landungsbrücke nach »Anserskij Skit« überquert. Die Geröllsteine
wechseln von Hühnerei- bis Kopfgrösse und sind ihren Dimensio-
nen nach in verschiedenen Wällen angeordnet. Deutlichere alte
Strandlinien sieht man selten; ihre wahre Natur ist schon längst
von Inostranzeff enträthselt worden.

Etwas südlich vom Wege hören diese Wälle bei einer von
den Brandungen untergrabenen Stelle am Ufer auf. Man sieht
hier wie leicht alte Strandlinien, die nur in losem Material ausgebildet sind, durch spätere Nachwirkungen des Meeres zerstört
werden können.

Vom Landungsplatz aufsteigend überschreitet man zuerst
eine Anzahl kleinerer Wälle, bis man auf einen grösseren solchen
kommt, dessen Grat 22 m ü. d. M. (s) liegt. Hinter demselben
befindet sich eine kleine, jetzt versumpfte, alte Lagune, und dieser
Wall entspricht offenbar der Strandlinie von ca. 23 m Höhe auf
der Insel Solovetskij. Indessen ist sie nicht die marine Grenze,
denn oberhalb derselben breiten sich fortgesetzt Uferwälle aus bis
zur Höhe von 32,5 m ü. d. M., wo sie an einer Abrasionsterrasse
aufhören (am besten sichtbar nördlich vom Wege).

Auf noch höherem Niveau konnte ich auf der Insel Ansersk
keine deutlichen Strandlinien sehen, wohl aber auf dem Höhenrücken zwischen der Landungsbrücke und dem »Skit« einzelne
freiliegende Blöcke und geschichtete Sandablagerungen noch 40
bis 45 m ü. d. M., die aber weder für noch gegen die Annahme,
dass die Landsenkung diesen Betrag erreichte, sprechen.

Wenn man diesen Höhenrücken überschritten hat, trifft man
an seinem Ostabhange auf einer Wiese links (N) vom Wege
wieder Ufergeröllsteine in bogenförmigen Wällen angehäuft an, die
am besten zum Vorschein kommen, wenn das Gras gemäht und
geerntet worden ist. Diese Accumulationen hören 22 m ü. d.

M. auf, wobei oberhalb derselben ein von mehreren Erosionsrinnen durchfurchter Boden beginnt.

Die erwähnten Umstände scheinen mir zu beweisen, dass die
Strandlinie von 22 m Höhe auf der Insel Ansersk, sowie die
entsprechende von ca. 23 m auf der Insel Solovetskij die Grenze
einer Landsenkung waren, nicht aber die marine Grenze bezeichnen, da deutliche Uferbildungen auch auf höherem Niveau auftreten. Wie hoch liegt aber die marine Grenze?

Bei erneuerten Untersuchungen auf der Insel Solovetskij
fand ich auch mehrerorts deutliche Terrassen in der Höhe von ca.
32 bis 33 m ü. d. M., die aber nicht mit der marinen Grenze
identisch zu sein scheinen. Die letztere glaube ich vielleicht an
der Sekirnaja Gora gefunden zu haben.

Diese Anhöhe wird an ihrem Fusse ringsum von der erwähnten Terrasse bei ca. 23 m ü. d. M. umgeben. Über derselben erheben sich auf den West-, Nord- und Ostseiten des Hügels
steile, stellenweise bis zu 50° geneigte, durch Untergrabung und
Rutschung entstandene Wände von harter Moräne ohne alle
Spuren von Strandlinien. Auf der Südseite sind aber noch drei
deutliche Terrassen oberhalb derjenigen in der Höhe von ca. 23
m beibehalten. Nach Messungen mit dem Spiegel liegt   ·
die erste Terrasse 3,25 m über dieser, d. h. ca. 26 m ü. d. M.
die zweite   7,2 m »   » d. h. » 30 m   »
die dritte   20,4 m »   » d. h. » 43 m   »

Die dritte Terrasse ist undeutlich ausgebildet und auch
durch Bauarbeiten zerstört. Etwas über 50 m ü. d. M. trifft
man schon harte staubige Moräne gleich an der Oberfläche an,
ein Beweis, dass der Meeresspiegel kaum so hoch gestanden hat.
Eine auf dem Nordwestabhang befindliche Sammlung von freiliegenden Blöcken, die über dem Niveau von ca. 50 m nicht auftreten, ist vielleicht der letzte Rest eines an der marinen Grenze entwickelten Blockufers.

Eingehendere Untersuchungen werden gewiss ein genaueres
Resultat ergeben. Es braucht kaum hervorgehoben zu werden,

dass in Folge der Lage der Solovetskie-Inseln die Kenntnis ihrer marinen Grenze von besonderem Interesse ist.

Suma—Onega. Die Spuren einer Landsenkung in der Umgebung der Bucht von Onega sind unzweifelhaft. Thonfelder breiten sich in niedrigerem Niveau aus, Blockufer und gut ausgebildete Terrassen sind mehrerorts beobachtet worden. Es gelang mir jedoch nicht die Lage der marinen Grenze festzustellen. Zwischen Suma und Onega scheint sie in bedeutender Höhe zu liegen, denn die hohen Berge Medweschija Gory (ca. 100 m) östlich von Suma, Api-Gora (ca. 90 m) westlich von Mys Ponomareva zwischen Koleschma und Njuktscha und Svjataja Gora (ca. 100 m) bei Njuktscha fand ich bis auf ihre Gipfel hinauf allen feineren losen Materiales beraubt. Da ich aber gesehen habe, dass, obgleich eine Bedeckung der oberen Theilen der Berge mit dünner Moräne ein Beweis für ihren supramarinen Character wäre, ausgedehnte nackte Felsenpartien auch oberhalb der Brandungsgrenzen vorkommen können, kann ich natürlich nur auf Grund der reingewaschenen Oberflächen der genannten Berge nicht sicher sein, dass die marinen Grenzen über 100 m sich befinden.

Auf niedrigerem Niveau, z. B. 40 m ü. d. M. am Api-Gora (Südseite) und ca. 45 m ü. d. M. an Svjataja Gora findet man aber schon sehr grossartig ausgebildete Blockufer.

Sumosero. Die Landstrasse von Suma nach Povjenets zieht sich östlich vom See Sumosero mehrere km weit längs einer sehr deutlichen Strandlinie hin, welche durch eine breite Terrasse, grosse Uferwälle und vor allem durch eine horizontale Anreihung gewaltiger Blöcke bezeichnet ist. Diese letztere ist besonders in der Nähe der Grenze zwischen dem Archangelschen und dem Olonetz'schen Gouvernementen in grossartiger Entwicklung zu sehen. Die genannte Strandlinie befindet sich ca. 10 m über dem See Sumosero und ca. 85 m ü. d. M. Sie ist gewiss ein Meeresufer gewesen, denn auch ausserhalb der Umgebung des Sees, auf den Grusrücken nördlich von der Station Sumostroff ist sie erkennbar. Indessen giebt sie kaum die marine Grenze an, denn südwestlich vom genannten See, unweit des Dorfes Worenscha, begegnet man Terrassen in ca. 120—130 m Seehöhe.

Onega. Gleich östlich von der Stadt Onega erheben sich gewaltige Moräneumassen bis zur Höhe von 110 m ü. d. M. Sie haben eine uneben hügelige Konfiguration, und ihre oberen Theile zeigen deutlich, dass sie nicht vom Meere überschritten worden sind. An ihren Fuss grenzen Thon- und Sandfelder und etwas oberhalb sieht man Strandlinien, z. B. an der Landterrasse ein durch grosse Blöcke bezeichnetes altes Ufer in der Höhe von 26 m ü. d. M. (a).

Die marine Grenze konnte ich aber auch hier nicht finden. Partien von freiliegenden Blöcken, die vielleicht einer Uferbildung angehören können, findet man an der Landstrasse auf beiden Seiten der Anhöhe ca. 61 m ü. d. M., und auch 74 m ü. d. M. etwas südlich vom höchsten Punkt befindet sich eine Blockanhäufung. Sie hat aber weder grössere Ausdehnung noch regelmässige Anordnung, die unzweifelhaft auf Uferbildungen hindeuten könnten.

Auf der Onegahalbinsel und am Delta der Dwina.

Tamitsa. Am Ostufer der Onega-Bucht zwischen den Dörfern Pokrofskaja und Tamitsa befinden · sich lange und breite Abrasionsterrassen in den Höhen von 11 m und 20 m ü. d. M. (a). Bei Tamitsa selbst sind die Wirkungen des früheren Meeres bis einige und zwanzig Meter ü. d. M. noch sehr deutlich zu sehen. Die marine Grenze konnte ich doch nicht bestimmen, erstens weil mir am Anfang meiner Untersuchungen auf der Onegahalbinsel nicht gleich die wahre Natur des blockführenden Thones klar wurde (siehe oben), und zweitens weil in dieser Art von losen Bildungen Strandlinien sich nicht von der Erosion unverwischt erhalten zu können scheinen.

Kianda. Südlich von Kianda erhebt sich eine grosse moränenbedeckte Anhöhe mit einem Kern von devonischen Schichten (die bei einem Bache sichtbar werden). Auf dem Abhange liegt in dem Moränenthone 33 m ü. d. M. (a) eine deutliche Terrasse.

Oberhalb derselben kommen keine deutlichen Strandlinien mehr
vor, wohl aber ca. 80—82 m hoch ü. d. M. eine Anhäufung von
grossen freigewaschenen Blöcken, sogar in solcher Menge, dass
man unter ihnen Bausteine aussucht. Ob sie eine Uferbildung
ist oder nicht, konnte nicht entschieden werden.

Lopschenga. 2 km nordöstlich vom Dorfe Lopschenga an
der Nordwestseite der Onegahalbinsel sah ich drei deutliche Terrassen in 4 m, 11 m und 23 m Seehöhe (a). Etwas nördlich davon erheben sich die Ljätnija Gory ca. 45 bis 50 m ü. d. M.
Sie bestehen aus sehr blockreicher Moräne, welche die aller besten Bedingungen zur Entstehung von Terrassen, Uferblöcken,
Ufergeröllen und Accumulationswällen geben konnte. Keine solchen Bildungen, weder andere Spuren der Einwirkung des Meeres
zeigen sich indessen auf dem oberen Theil dieser Höhen über ca.
32 m Höhe. Es scheint mir daher aus oben mitgetheilten Beobachtungen hervorzugehen, dass die marine Grenze bei Lopschenga
ca. 30 m ü. d. M. sich befindet.

Krasnaja Gora—Solsa. Längs dem Südwestufer des Golfes
von Archangelsk erstreckt sich zwischen Krasnaja Gora und Solsa
eine niedrige, gewöhnlich von Dünenbildungen verdeckte Terrasse. Höhere deutliche Strandlinien traf ich nicht an. Doch ist
der 20—30 m hohe Boden im allgemeinen nach oben plateauformig
eben, ob durch marine Einwirkung, konnte ich nicht entscheiden.
Einige Hügel, die sich darüber erheben, sind sicher ohne alle
Erscheinungen, die auf Einwirkung, von Brandungen hinweisen,
z. B. die Ås-partie bei Nenoksa, 43 m ü. d. M. und eine ca. 30
m hoher Moränhügel 3 km SE davon.

Tabor. Die Station Tabor an der Westseite des Dwinadeltas
liegt auf einem horizontalen Plateau ca. 20 bis 21 m ü. d. M.
(a). In einem Profile bei der Landstrasse sieht man, dass es aus
einem unteren Lager von Sand mit ausgeprägter »diskordantpa-
ralleler» Flussdeltaschichtung und einem oberen von feinem blockfreiem Thon besteht. Wenn man nun von Tabor nach Rikosicha
fährt, passiert man zwischen 17 und 22 km vom ersteren Ort
eine bis zu ca. 35 m sich erhebende Anhöhe von blockführendem

Moränenthon. Über 25 m Höhe sieht man hier keine Spuren von mariner Einwirkung. Die oberste Strandlinie in diesen Gegenden liegt folglich > 21 m und < 25 m.

Isakogora. Das ausgedehnte Dwinadelta beweist eine negative Verschiebung der Uferlinie in dieser Gegend nach der Eiszeit. Die Schwemmländer bilden Terrassen und Plateaus, die jedoch gewöhnlich kaum das Niveau von 10 m ü. d. M. überschreiten. Die Umgebung erhebt sich etwa bis ca. $15-25$ m ü. d. M. Isakogora z. B., der Stadt Archangelsk gegenüber, an der Spitze des Deltas, liegt auf einem plateauartigen, aber etwas wellig unebenen Boden von Geschiebethon ca. 23 m ü. d. M. Die Moräne weist keine Spuren von der Einwirkung des Meeres auf, das kaum höher als 18 m gestanden hat. Genau konnte indessen die marine Grenze hier nicht festgestellt werden.

An der Winterküste.

Die Landschaft östlich vom Weissen Meere ist hauptsächlich aus geschichtetem Sand und Moräne zusammengesetzt, und die obere dieser Ablagerungen, die Moräne, bildet eine unebene Bodenkonfiguration mit zahlreichen Morästen, Seentümpeln und geschlossenen Einsenkungen. Nirgends entdeckt man hier Beweise dafür, dass das Meer diese Geschiebethonbildungen überschritten hätte. Im Gegentheil, die Strandlinien, die man an der Küste beobachtet, weisen auf eine sehr geringe Landhebung hin.

An der offenen Küste dehnt sich der gegenwärtige, kräftig entwickelte Brandungsstrand am Fusse einer Wand von untergrabenen losen Bildungen aus. Gehobene Strandlinien von unbedeutender Höhe kommen darum meistens nur an den Deltabildungen der Flüsse und Bäche vor.

Simnaja Solotitsa. Das untere Dorf Solotitsa ist auf Schwemmland gebaut, an dessen Rändern gegen die umgebende Moräne spärliche Uferblöcke liegen. Diese bezeichnen die marine Grenze bei 6,25 m ü. d. M. (s), denn der höher gelegene Geschiebethon ist der Einwirkung des Meeres nicht ausgesetzt gewesen.

Solotitsa—Intsy. Auf dieser Küstenstrecke wurde von mir
bestimmt (mit Spiegel):

gleich südlich der Mündung von Tova eine Terrasse in
der Höhe von 4.5 m ü. d. M.;

an der Mündung von Tovitsa ein Deltaplateau, dessen Höhe
bis zu 4,25 m ansteigt;

an Djesaglinka nördlich von Tovitsa eine Terrasse in 6.5
m Seehöhe (marine Grenze);

bei Kolotny, ca. 9—10 km südlich von Intsy, Accumulationswälle von Ufergeröllsteinen bis 3 m ü. d. M.

Intsy liegt auf einem ganz niedrigen Schwemmplateau.

Rutschei. Zwischen dem Dorf und dem Meere breitet sich
ein Sandplateau aus, das von den dasselbe bedeckenden Torf-
schichten abgesehen, ca. 6 m hoch ist. Die Moränenhügel nördlich und südlich davon sind nicht unter den Meeresspiegel gesenkt
gewesen.

Megra. Die Mündung des Flusses Megra ist von Moränen-
hügeln und Schwemmbildungen umgeben. Jetzt fliesst dieser Fluss
nördlich vom gleichnamigen Dorfe, aber er hat in früheren Zeiten
auch einen südlicheren Ausfluss gehabt, dessen breites altes Bett
an der Küste sich ca. 5,65 m ü. d. M. erhebt (= die marine
Grenze).

Logofskaja. Zwischen Megra und Maida passiert man einen
Fischfangplatz, »Logofskaja» genannt, wo eine ca. 2 m hohe
Schwemmbildung zu sehen ist.

Maida. Auch beim Dorfe Maida breiten sich Schwemmbildungen aus, die nicht mehr vom Hochwasser überschritten werden.
Sie geben eine Landhebung von ca. 0,50 bis 0,75 m an.

Koida. Hier findet man keine Strandlinien oder Deltas über
dem gegenwärtigen Hochwasserrand.

Die Insel Morschovets weist ebenfalls keine Spuren von
Landhebung auf.

In der Umgebung des ca. 195 km langen, in seinem ganzen
Laufe ganz ruhig fliessenden *Kuloi* sehen wir keine Schwemm-

länder oder Uferterrassen, die höher belegen wären als die, welche jeden Frühling bei der Schneeschmelze überfluthet werden.

Es ist auch noch zu bemerken, dass weder der Fluss *Kuloi* noch die *Mesen* Deltas haben. ↙

4. Reste der quartären Meeresfauna.

An der Murmanküste.

In den quartären Ablagerungen und auf den alten Strandterrassen sind an zahlreichen Orten Schalen von marinen Mollusken gefunden worden.

Auf der Murmanküste, hauptsächlich am Kolafjord und westlich davon sind Beobachtungen darüber von v. Middendorff [1]), Rabot [2]) und Faussek [3]) gemacht worden, zu welchen ich nichts neues hinzuzufügen habe. Aus der Arbeit von Faussek ersehen wir, dass folgende Arten in den Schalenbänken angetroffen worden sind:

Chiton marmoreus Fabr. Guba Ura.

Acmaea testudinalis Müll. Anikiefka bei Tsip-Navolok; Jeretik; Schalim.

Puncturella noachina L. Jeretik.

Mölleria costulata Möll. Jeretik.

Margarita helicina Fabr. Jeretik.

     »   *groenlandica* Chemn. Ara; Jeretik.

     »   *obscura* Couth. Tsip-Navolok.

     »   sp. Krivetsch am Tulomafluss.

Trochus tumidus Mont. Ara; Jeretik, Schalim.

     »   *cinerarius* L. Ara.

Natica clausa Brod. & Sow. Jeretik.

Littorina littorea L. Tsip-Navolok; Jeretik, Solotaja Guba, Krivetsch am Tuloma.

---

[1]) Reise in dem Norden und Osten Sibiriens. Bd. II. 438.

[2]) bei Faussek.

[3]) Зап. reorp. Обш. 25. 1.

Littorina palliata Say. Tsip-Navolok;(?) Anikiefka; Jeretik; Solotaja Guba; (?) Krivetsch.

Littorina obtusata L. Jeretik, Tsip-Navolok.

» *rudis* Mat. Tsip-Navolok; Jeretik, (?) Solotaja Guba.

Lacuna pallidula Da Costa. Jeretik.

» *divaricata* Fabr. Jeretik.

Rissoa aculeus Gould. Anikiefka; Ara; (?) Jeretik, Krivetsch, Kildin, Solotaja Guba.

Rissoa striata Mont. Jeretik.

» sp. Jeretik.

Skenea planorbis Fabr. Jeretik.

Admete viridula Fabr. Jeretik; Schalim.

Bela sp. Jeretik; Schalim.

Trophon truncatus Str. Jeretik.

» *clathratus* L. Jeretik.

Purpura lapillus L. Tsip-Navolok; Jeretik; Krivetsch am Tulomafluss; Solotaja Guba.

Buccinum undatum L. Tsip-Navolok; Jeretik; Krivetsch; Solotaja Guba.

Cylichna alba Brown. Ara.

Utriculus pertenuis Migh. (?) Jeretik.

» *truncatulus* Brug. Jeretik.

Anomia ephippium L. Jeretik.

» » L. var. *aculeata* L. Jeretik; Schalim.

Pecten islandicus Müll. Anikiefka; Tsip-Navolok; Jeretik; Krivetsch; Kildin.

Mytilus edulis L. Anikiefka; Tsip-Navolok; Jeretik; Krivetsch; Kildin.

Mytilus modiolus L. Jeretik; Krivetsch.

» sp. Solotaja Guba.

Dacrydium vitreum Möll. Jeretik.

Crenella decussata Mont. Jeretik.

Leda sp. Jeretik.

Cardium fasciatum Mont. Jeretik.

Cyprina islandica L. Anikiefka; Tsip-Navolok; Jeretik; Schalim; Krivetsch; Kildin; Solotaja Guba.

Astarte banksi Leach. Jeretik; Schalim.

> *borealis* Chemn. Anikiefka; Tsip-Navolok; Jeretik; Schalim; Kildin; Solotaja Guba.

Astarte crenata Gray. Schalim; Kildin.

Cyamium minutum Fabr. Jeretik.

Thracia truncata Brown. Jeretik; Schalim.

Axinus flexuosus Mont. var. *Gouldi* Phil. Schalim.

Venus gallina L. Anikiefka; Tsip-Navolok; Jeretik; Kildin.

Mya arenaria L. Jeretik; Kildin.

> *truncata* L. Jeretik; Krivetsch.

Saxicava rugosa L. Anikiefka; Jeretik.

Ausserdem sind an den genannten Fundorten Reste von *Balanus* sp., sowie von Bryozoen, Serpuliden, Echinoideen, Foraminiferen etc. gefunden worden.

Von den erwähnten Vorkommen liegen die meisten nur einige Meter über dem Meere; das auf Jeretik befindet sich 10 m ü. d. M. und das bei Krivetsch am Tulomaflusse 20 bis 30 m.

Im Tieflande der unteren Dwina.

Im Gebiete des Weissen Meeres sind die Vorkommen von marinen Mollusken in den quartären Ablagerungen an der unteren Dwina schon seit Murchison's Reise bekannt. Ich theile hier die von Smith und Beck gemachten Bestimmungen der bei Ust-Waga [1]) gefundenen Mollusken mit:

Natica clausa Brod. & Sow.   *Mytilus edulis* L.

Littorina littorea L.   *Nucula rostrata* Lam.

Buccinum undatum L.   *Cardium edule* L.

Fusus carinatus Lam.   >   *ciliatum* Fabr.

Pecten islandicus Müll.   >   *groenlandicum* Chemn.

---

[1]) Murchison, v. Keyserling and de Verneuil, The Geology of Russia in Europe. Vol. I. 329.

Astarte borealis Chemn.   *Astarte depressa* (?) Smith.
»   *compressa* L.   *Tellina calcarea* Chemn.
»   *sulcata* Nilsson.   »   *groenlandica.*
»   *Damnoniensis* Mont.   *Mya truncata* L.
»   *multicostata* (?) Smith.   *Saxicava arctica* L.

In derselben Gegend hat Barbot de Marny[1]) aus Schichten, welche von Ablagerungen mit erratischen Blöcken bedeckt sind, Molluskenschalen gesammelt, die nach von F. Schmidt ausgeführten Bestimmungen folgenden Arten angehörig sind:

Cemoria noachina L.   *Cardium groenlandicum* Chemn.
Littorina littorea L.   *Astarte Damnoniensis* Mont.
Buccinum undatum L.   »   *elliptica* Brown *(scotica).*
Tritonium antiquum L.   »   *striata* Leach.
»   *despectum* L.   »   *corrugata* Brown *(arctica*
Cancellaria viridula Fabr.   Gray).
Pecten islandicus Müll.   *Tellina lata* Gm.
Mytilus edulis L.   »   *solidula* Pult.
Leda pernula Müll.   *Mya truncata* L.
Cardium islandicum L.   *Saxicava rugosa* L = *arctica* L.
»   *edule* L.   *Pholas crispata* L.

Bei Ust-Pinega sammelte ich folgende Arten, die von Knipovitsch bestimmt worden sind: ·

Yoldia hyperborea Lovén, äusserst allgemein.

Cyprina islandica L. Fragment.

Tellina baltica L. einzelne Exemplare.

Westlich vom Weissen Meere.

Auf der Westseite des Weissen Meeres ist bis jetzt nur *ein* Fund von subfossilen Mollusken bekannt gewesen, nämlich der von Stjernwall[2]) am Südufer des Karjalansuvanto in Kuolajärvi in Finnland gefundene »Schneckenmergel». Nach De Geer[3])

---

[1]) Verh. Min. Gesellsch. Petersburg. 2 Serie. *3.* 265.
[2]) Vetenskapliga meddelanden, utgifna af Geogr. Fören. i Finland. *1.* 211.
[3]) G. F. F. *16.* 647.

enthält eine davon mitgebrachte Probe sehr dickschalige Fragmente von

Mytilus edulis L. und *Tellina baltica* L.

Die von Stjernwall gefundene Höhe des Lokales, 175 m ü.
d. M. rührt gewiss von einer Überschätzung her; 80 bis 100 m
ist wohl die wahrscheinliche.

Noch einen Fund auf der Westseite des Weissen Meeres
machte ich am Golfe von Kandalakscha bei Knjäscha auf der
Landenge zwischen dem Dorf und dem See Koutajärvi, ca. 22
m ü. d. M. Die davon mitgebrachte Probe enthält nach freundlicher Bestimmung von Knipovitsch:

Natica clausa Brod & Sow. ⎫
Littorina littorea L. ⎪
   »   *palliata* Say. ⎬ Spärliche Exemplare.
   »   *rudis* Maton. ⎭

Rissoa aculeus Gould. Einige Exemplare.

Buccinum undatum L. Ein Exemplar.

Mytilus sp. in grosser Menge, aber ganz verwittert.

Astarte banksi Leach.

Astarte borealis Chemn. ⎫
               ⎬ Äusserst zahlreich.
Saxicava arctica L. ⎭

Ausserdem kommen in dieser Schalenerde einige Fragmente
von Cirripedienschalen vor, wahrscheinlich von *Verruca stroemii*
und einem *Balanus.*

5. Angeschwemmter Bimstein.

Es ist schon längst bekannt, dass die Meeresströme unter
anderen Produkten auch Bimstein an die Küsten des Atlantischen Oceanes und Nördlichen Eismeeres angetrieben haben. Man
hat solche auf Spitzbergen, Novaja Semlja, und an den Küsten
Finnmarkens in verschiedenen Höhen bis an die marine Grenze
hinauf gefunden. [1] Eine vollständige Zusammenstellung der dies-

---

[1] Pettersen, Tromsö Museums Aarhefter 5. 64. Reusch, Det Nordlige Norges Geologi. S. 92.

bezüglichen Beobachtungen sowie eine petrographische Beschreibung der verschiedenen Arten von angetriebenen Bimsteinen hat
uns Helge Bäckström [1]) gegeben.

Auch an die Küsten des Russischen Lapplands sind diese
Schwemmprodukte verschleppt worden. Bäckström erwähnt die
Fischerhalbinsel unter den Fundorten angeschwemmter bräunlicher,
andesitischer Bimsteine. Eine von ihm ausgeführte quantitative
Analyse derselben hat ergeben:

$$Si^2O \quad . \quad . \quad . \quad 64,42 \, \%,$$
$$K^2O \quad . \quad . \quad . \quad 2,75 \, \%,$$
$$Na^2O \quad . \quad . \quad . \quad 4,54 \, \%.$$

Da diese Zusammensetzung auf keine nähere Verwandtschaft mit
bekannten Laven und Bimsteinen von den vulkanischen Inseln
im Atlantischen Ocean hinweist, hat Bäckström die Vermuthung
ausgesprochen, dass sie wie die übrigen Massen von Bimstein an
den Norwegischen Küsten ein Schwemmprodukt des von Ostsi-
birien kommenden Nansen'schen Polarstromes wären.

Bei seinem Aufenthalt auf der Fischerhalbinsel fand auch
Ailio Ufergeröllsteine von schwarzbraunem Bimstein bei Tsip-
Navolok, 20 m ü. d. M. Eine mikroskopische Untersuchung, die
ich ausführte, erwies ein braun durchsichtiges poröses Glas mit
spärlichen kleinen Einsprenglingen von Oligoklas.

Ganz ähnliche andesitische Bimsteine habe ich ferner an mehreren Orten auf der Murmanküste gesammelt, nämlich:

bei Kekora auf einer Sandterrasse, ca. 12 m ü. d. M. grosse,
Mengen von nuss- bis kopfgrossen Ufergeröllen von diesem Gestein;

bei Rynda: einzelne Stücke auf dem Dorfwege, unsicher
ob von Menschen dorthin geführt oder nicht;

bei Solotaja Guba: ein kleines Gerölle auf der 11 m hohen
Terrasse;

bei Charlofka: kleine Stückchen auf dem ca. 10 m hohen
Deltaplateau westlich der Flussmündung.

---

[1]) Bihang till k. Sv. Vet. Akad. handl. *16*. Afd. II. N:o 5.

Nach mir freundlichst gemachter Mittheilung kommt Bimstein auch in der Umgebung von Gavrilovo vor.

Noch viel östlicher, auf der Insel Morschovets, hat mein Begleiter Sourander Bimsteine am jetzigen Ufer angetroffen; Proben davon wurden leider nicht mitgebracht.

II.

Zusammenfassung.

1. Eiszeiten.

Verschiedene Bewegungsrichtungen des Inlandeises. Mehrere Eiszeiten.

Die Richtungen der Gletscherschliffe auf der Halbinsel Kola zeigen, wie ich auch schon früher hervorgehoben habe, auf eine Bewegungsrichtung der Eismassen gegen NE direkt nach dem Eismeere und eine andere gegen SE nach dem Weissen Meere und in diesem längs der Süd- und Ostküste der Halbinsel. Diese verschieden gerichteten Eisströme haben entweder gleichzeitig existiert, indem die Eismassen ungefähr beim Nephelinsyenitgebiet sich getheilt haben, oder auch sind sie zu verschiedenen Stadien der Vereisung aufgetreten, so dass z. B. die Eismassen bei einer sehr mächtigen Entwicklung über die Halbinsel Kola gerade in's Eismeer flossen, während sie bei geringerer Mächtigkeit im Becken des Weissen Meeres um die Halbinsel herum sich bewegten.

Da nun die Schrammen in der Umgebung des Golfes von Kandalakscha trotz ihren sehr wechselnden, verschiedene Phasen von Vereisung angebenden Richtungen, doch immer auf Bewegungen der Gletschermassen nach SE hin deuten, scheint es mir, dass während aller Vereisungen ein Eisstrom des Weissen Meeres im Sinne Torell's [1]) existiert hat. Er ist aber zu verschiedenen Zeiten ungleich mächtig gewesen. Bei seiner grössten

---

Öfvers. af Sv. Vet. Akad. Handl. *30*, N:o 1, 47.

Ausdehnung ist er quer über die südliche und östliche Hälfte der Halbinsel Kola nach dem Eismeer geflossen, worauf u. a. die bei Pulonga von Böhtlingk beobachteten älteren Schrammen hinweisen. Dabei wurden auch die anderen Eisströme, welche über das Innere der Halbinsel vom Westen kamen, von ihm nach Nordosten gedrängt.

Bei einer geringeren Ausdehnung war dagegen die Bewegung des Eisstromes des Weissen Meeres mehr abhängig von der Form des Meeresbeckens und folgte den Küsten, wie die Mehrzahl der beobachteten Schrammen angeben. Einige Eisströme vom Inneren der Halbinsel konnten sich dann auch nach SE hin ziehen und mit dem Hauptstrom des Weissen Meeres sich vereinigen.

Die Schrammen auf der Westseite des Weissen Meeres zeigen nördlich von Pongama auf eine Bewegung im Zusammenhang mit dem Eisstrom des Weissen Meeres. Südlich von diesem Ort ist das Landeis nach der Onega-Bucht hin geflossen.

Der Blocktransport deutet auf ähnliche Bewegungen des Inlandeises hin wie die Gletscherschliffe. In erster Linie interessiert uns hierbei die Verbreitung der Blöcke aus dem Nephelinsyenitgebiet. Dieselbe scheint beim ersten Blicke in fast allen Richtungen von den Hochgebirgen Umptek und Lujavr-Urt aus stattgefunden zu haben, sodass man auf eingehende Schlüsse über die Richtungen der Eisströme verzichten müsste. Man wird indessen bald finden, dass das so überaus allgemeine Vorkommen von Nephelinsyenitblöcken, wenn es auch auf Vermischung älterer und jüngerer Transporte hinweist, dadurch eine grosse Bedeutung gewinnt, dass, wie es mir vorkommt, die Blöcke von Umptek und Lujavr-Urt in den Umgebungen des Weissen Meeres eine ähnliche Rolle spielen, wie z. B. die åländischen Rapakivigeschiebe im baltischen Gebiete.

Was nun ihr Vorkommen auf der Halbinsel Kola betrifft, kann man drei Gebiete ihrer Verbreitung unterscheiden. Erstens findet man sie im Imandra-Kola-Thal bis zum See Murdosero im Norden. Da nun die allgemeine Bewegung des fennoskandischen Inlandeises über die Halbinsel Kola dieses Thal von Westen

und Südwesten nach Nordosten überquert hat, muss die Moräne
mit Blöcken vom Umptek von einem jüngeren aus diesem Hochgebirge ausgegangenen Gletscher gebildet worden sein.

Zum zweiten Gebiete gehört die Nordküste zwischen Mys
Tschegodajeff westlich von Charlofka und Mys Tschornij östlich
von Warsinsk. Auf dem Transportweg zu derselben liegen die
Chibinitblöcke am Nordende des Sees Lujavr und die Lujavritblöcke zwischen dem Lejavr und dem Porjavr.

Das dritte Gebiet umfasst die Ost- und Südseite der Halbinsel vom Vorgebirge Orloff bis Porja Guba auf dem Terschen
Ufer. Die hier vorkommenden Findlinge sind mit der Eisbewegung verschleppt worden, welche die mit der Küste parallelen
Schrammen verursachte, und ihr Weg vom Nephelinsyenitgebiete
nach dem Meeresufer ist durch die Blöcke am Laufe des Flusses
Umba und die Schrammen im Kanosero bezeichnet.

Zwischen den mit Nephelinsyenitblöcken besähten Küstenpar-
tieen der Halbinsel Kola befindet sich ein Gebiet, wo sie ganz fehlen oder so spärlich auftreten, dass sie sich der Beobachtung
entziehen. Allerdings liegt ein Nachsuchen nach ihnen mit nega-
tivem Resultat nur von Jokonsk vor, aber folgende Überlegung
wird ihr Fehlen auch an den anderen Orten wahrscheinlich machen. Nach Böhtlingk ist die Richtung der Schrammen bei
Lumbofsk S60°W und rührt folglich nicht von dem Eistom her,
welcher sich längs der Süd- und Ostküste bewegte und von dieser
Seite Nephelinsyenitblöcke wenigstens bis Ponoj brachte. Derselbe
hat Lumbofsk nicht erreicht. Die nach NE gerichteten Eisströme
aber, auf welchen die Schrammen bei Lumbofsk hinweisen, brachten auch keine Nephelinsyenitblöcke dort hin mit sich, denn nach
den Beobachtungen sind solche Blöcke schon bei Warsinsk sehr
selten und kommen bei Jokonsk nicht mehr vor.

Da die ganze Halbinsel Kola mit Moräne bedeckt ist und
allenthalben Gletscherschliffe aufweist, scheint mir dieses Vorkommen einer von Blöcken aus dem centralen Hochgebirgen Umptek und Lujavr-Urt freien Küstenstrecke zwischen zwei anderen,
die mit solchen versehen sind, zu beweisen, dass die Nephelin-

syenit führenden Eisströme, die nach NE hin dem Eismeer direkt zuflossen, mit denjenigen, die nach SE gingen und den Süd- und Ostküsten folgten, nicht gleichzeitig sein können. Zur Zeit, als die ersteren auftraten, müssen Landeismassen am Umptek und am Lujavr-Urt vorbei über die Südosthälfte der Halbinsel sich bewegt haben und auf der Nordostküste Moräne, welche keine Nephelinsyenitblöcke enthält, abgeladen haben.

Auch ein anderer Umstand scheint mir die Möglichkeit auszuschliessen, dass die Eisströme vom Nephelinsyenitgebiet gleichzeitig nach dem Eismeere und dem Weissen Meere ausgingen, nämlich dass sowohl an der Murmanküste wie an der Südküste Blöcke von Chibinit und Lujavrit angetroffen werden. Denn wenn eine fächerförmige Verzweigung des Inlandeises in Ströme nach NE und SW am Umptek und Lujavr-Urt stattgefunden hätte, so sollte man, da die Gletscherschliffe beim Umpjavr auf eine Bewegung der Eissmassen zwischen den beiden Hochgebirgen hinweisen, entweder lauter Lujavritblöcke an der Murmanküste oder auch nur Chibinitblöcke an der Terschen Küste erwarten. Da nun dieses nicht der Fall ist, scheint mir das Vorkommen beider Arten von Nephelinsyenit sowohl am Eismeere wie am Weissen Meere so zu erklären zu sein, dass während verschiedener Stadien von Vereisung oder während verschiedener Eiszeiten die Eisströme, welche am Nephelinsyenitgebiet vorbeigingen nach der einen oder anderen der besprochenen Richtungen sich bewegten. Bei gewaltigerer Ausdehnung der grossen fennoskandischen Landeisdecke wurden sie von dem auf sie stossenden Eisstrom des Weissen Meeres direkt nach dem Eismeere gedrängt, bei geringerer Entwicklung derselben flossen sie mit ihm zusammen der Südseite der Halbinsel entlang.

Eine weitere Vermischung der beiden Arten von Nephelinsyenit in derselben Moräne konnte noch dadurch zu Stande kommen, dass Stadien maximaler Mächtigkeit und Ausdehnung des Inlandeises mit Phasen geringerer Vereisung (mit geändertem Verlauf der Eisströme) anfingen und endeten, wodurch Blöcke, die zuerst nach einer Gegend verschleppt wurden, wieder von einem in anderer Richtung gehenden Eisstrom mitgenommen werden konnten.

Was nun die Verbreitung der Nephelinsyenitblöcke in der Moräne östlich vom Weissen Meeres betrifft, muss man sich denken, dass der vom Centralgebiet dieser Gesteine kommende Eisstrom einmal so breit war, dass er die Meeresenge zwischen der Terschen Küste und dem Winter-Ufer erfüllte und Moräne auch östlich davon ablud. Die Chibinitblöcke auf der Onegahalbinsel und an der unteren Dwina sind aber in Richtungen verschleppt worden, die nicht mit den von den Schrammen angegebenen Bewegungen des Landeises übereinstimmen. Es scheint mir, dass sie vielleicht nicht unmittelbar vom Nephelinsyenitgebiete nach ihren gegenwärtigen Lokalen in der Moräne geschleppt wurden, sondern durch verschiedene Transporte, die auf mehrere Eiszeiten hindeuten. Bei einem Stadium von Vergletscherung konnten grosse Massen von Nephelinsyenitblöcken durch Treibeis in das Becken des Weissen Meeres abgeladen werden, aus welchem sie bei einer späteren grösseren Ausdehnung des Landeises wieder emporgerissen und in die thonreiche Moräne auf der Südseite dieser See eingebacken wurden.

Nun fragt es sich, ob die älteren und jüngeren Eisströme, welche sich über die Halbinsel Kola und im Becken des Weissen Meeres ausgebreitet haben, *einer* Eiszeit oder *mehreren* solchen angehören. Aus folgenden Gründen schliesse ich mich der letzteren Ansicht an.

1. Wir wissen durch die Untersuchungen von Murchison [1]), von Keyserling [2]), Grewingk [3]), Barbot de Marny [4]), Stuckenberg [5]), Tschernyscheff [6]), Lebedeff [7]) und Amalitsky [8]), dass ausgedehnte Gebiete im östlichen Nordrussland [9]) von pleistocänem Thon

---

[1]) Geology of Russia in Europe.   Vol. I. 327—333. .

[2]) Reise in das Petschoraland.

[3]) Зап. акад. Наукъ. 47. 2. Приложеніе N:o 11.

[4]) Verh. min. Gesellsch. Petersburg. 2 Serie. 3. 204.

[5]) Матеріалы для геологіи Россіи. 6. 1.

[6]) Извѣст. геол. комит. 10. N:o 4. 95.

[7]) Матеріалы для геологіи Россіи 16. 1.

[8]) Пр. Варш. Общ. Естеств. VII. 1896.

[9]) Carte géologique de la Russie. 1892. Q_1^b.

und Sand reich an Resten mariner Mollusken, bedeckt werden. Diese Ablagerungen ruhen nach Tschernyscheff auf älteren Gletscherbildungen und sind folglich jünger als die aller grösste Vereisung von Nordeuropa. Auf diesen Sedimenten der s. g. »borealen marinen Transgression» haben sich Sand- und blockführende Ablagerungen ausgebreitet, die zuweilen Reste von *Elephas primigenius* und *Rangifer tarandus* enthalten.

Tschernyscheff [1]), welcher von neuem diese marinen Ablagerungen auf sehr ausgedehnte Gebiete hin, hauptsächlich östlich vom Dwinagebiet durchforscht hat, sieht in den gröberen, blockführenden Ablagerungen auf den fossilführenden Schichten keine echte Moräne, sondern durch die Einwirkung des Meeres umgelagerte glaciale Ablagerungen, und scheint geneigt zu sein, die posttertiären Thone und Sande mit den spätglacialen marinen Sedimenten im baltischen Gebiete zusammenzustellen. Einer solchen Auffassung widerspricht doch der Charakter der Fauna (S. 97), welche auf ein ebenso gemässigtes, wenn nicht noch günstigeres Klima wie das gegenwärtig herrschende hinweist. Sie enthält nämlich in der Hauptsache dieselben Arten, welche jetzt an den Küsten des Weissen Meeres vorkommen und ausserdem wenigstens zwei Formen, *Cardium edule* und *Astarte sulcata,* die heutzutage nicht an den Küsten Nordrusslands leben, worauf Faussek [2]) schon die Aufmerksamkeit gelenkt hat, aber nicht z. B. *Yoldia arctica,* obgleich diese Muschel nach Knipovitsch [3]) jetzt im Weissen Meere sich vorfindet, ja sogar unweit der Mündung der Dwina nach einer Angabe von Herzenstein. [4])

Auf Grund dieser borealen Fauna, und weil sie von Ablagerungen mit *Elephas primigenius* überschichtet werden, hat De Geer [4]) sich für das interglaciale Alter dieser borealen marinen Bildungen ausgesprochen.

Dass sie interglacial sind, scheint auch mir unzweifelhaft zu

---

[1]) l. c. und Congrès intern. d'Arch. Moscou. 1892, I. 35.

[2]) l. c. S.

[3]) Annuaire du Mus. Zool. de l'acad. St.- Pétersbourg. 1896. 278.

[4]) Tp. C. Пб. Общ. Естеств. 16. 648.

[5]) Skandinaviens geografiska utveckling. S. 52.

sein. Wie schon oben hervorgehoben worden ist, beschreibt Murchison von Ust-Wagi und anderen Orten Profile, wo die fossilführenden pleistocänen Schichten von Sand und Grand mit erratischen Blöcken überlagert werden, welche Ablagerungen von dem »drift» nicht zu unterscheiden sind. Dasselbe erwähnt auch Barbot de Marny ausdrücklich, und diese Beobachtungen werden durch Amalitsky's Mittheilungen bestätigt. (S. 33).

Bei Ust-Pinegi konnte ich die Richtigkeit dieses Verhältnisses, d. h. dass echte Moräne mit geritzten Geschieben und Muschelfragmenten die fossilführenden Sedimente bedecken, konstatieren. Sonst fand ich, dass östlich und südlich vom Weissen Meere die Oberfläche in den meisten Fällen von Moräne und nicht von marinen Ablagerungen gebildet wird. Daraus folgt doch nicht, dass die geschichteten Sandablagerungen, welche an der Winterküste unter der Moräne auftreten, interglacial sind. Im Gegentheil scheinen sie mir nicht viel älter als die Moräne zu sein, indem sie als »Hvitå»bildungen sich vor dem vorwärtsschreitenden Eise absetzten.

Was schliesslich die oberen (von Tschernyscheff erwähnten) sand- und blockführenden Grandablagerungen, die nicht Moräne sind, betrifft, scheint auch ihr Vorkommen das interglaciale Alter der darunter liegenden fossilführenden Schichten mit der borealen Fauna zu beweisen. Kaum ein anderes Mittel als Landeis, Treibeis oder Schmelzwasserflüsse eines Landeises, das sich von neuem über die marinen Sedimente ausbreitete, hat so grobes Material ablagern können.

Es scheint mir aus dem obenstehenden hervorzugehen, dass man im Norden von Russland wenigstens zwei Moränendecken unterscheiden kann, die durch die s. g. boreale marine Transgression von einander getrennt sind. Da die Ablagerungen dieser Transgression eine Fauna enthalten, die auf ein ebenso gemässigtes Klima wie das gegenwärtige deuten, muss zwischen den Vergletscherungen, während welcher die beiden Moränen gebildet wurden, eine wirkliche interglaciale Periode existiert haben.

Für die jüngere dieser Moränen scheinen mir die Nephelinsyenitblöcke von der Halbinsel Kola charakteristisch zu sein, wie
auch die jüngere südbaltische Moräne in den åländischen Blöcken
ein Kennzeichen hat, das sie von der älteren unterscheidet.

2. Einen zweiten Beweis für zwei verschiedene Eiszeiten
und die interglaciale Natur der s. g. borealen Transgression liefern die Werthe der gemessenen marinen Grenzen. Dieselben
erreichen bei Kandalakscha ihren grössten gefundenen Betrag 145
m ü. d. M., befinden sich aber je weiter nach Osten und Südosten
auf geringerer Höhe, bis sie an der Winterküste nur einige Meter
hoch liegen. Ein gleiches Fallen der marinen Grenzen von 75
m im Westen bis zu o m im Osten beobachtet man auf der Eis-
meerküste (unabhängig von der Bedeutung, die man den höchsten
Strandlinien zwischen Teriberka und Warsinsk zuschreibt). Östlich und südöstlich vom Weissen Meere liegen nämlich die Spuren der Meereseinwirkung auf der Moräne überhaupt viel niedriger
als das Niveau, welches die boreale marine Transgression erreicht
hat, und wenn man mit Hülfe der gemessenen marinen Grenzen
Isobasen konstruiert, sieht man den grössten Theil des von den
»borealen Ablagerungen» bedeckten Gebietes ausserhalb der Fennoskandia umgebenden Grenz-Isobase (o m) fallen. Diese grosse
Transgression in Nordrussland gehört folglich nicht zu der Landsenkung, von welcher wir die höchsten Strandlinien in der Moräne
an den Küsten des Weissen Meeres sehen. Jene ist viel umfassender als diese gewesen und hat zwischen der ersten grossen
Vergletscherung, auf deren Bildungen ihre Sedimente ruhen, und
der Ausbreitung einer jüngeren Moräne stattgefunden, welche
östlich und südöstlich vom Weissen Meere bei späteren Landsenkungen vom Meere nicht überschritten worden ist.

Zu ganz ähnlichen Schlussfolgerungen berechtigen meine
Beobachtungen der Strandlinien auf der Fischerhalbinsel und der
Insel Kildin. Man findet dort marine Grenzen, die viel höher
liegen als die auf dem gegenüberliegenden Festlande, obgleich
man das entgegengesetzte erwarten würde, wenn die höchsten
Strandlinien an allen Orten von derselben Landhebung herrührten.

Dies ist aber offenbar nicht der Fall. Den marinen Grenzen auf dem Festlande entsprechen auf der Fischerhalbinsel und der Insel Kildin niedriger gelegene ausgeprägte Terrassen, welche öfters Grenzen für einen auffallenden Unterschied in den Fortschritten der Erosion und Verwitterung bezeichnen, indem die höher belegenen Strandlinien viel mehr angegriffen worden sind. Da aber die marinen Grenzen auf der Fischerhalbinsel und der Insel Kildin nach der Vereisung dieser Gebiete entstanden sind, und die unteren Strandlinien, welche den marinen Grenzen auf dem Festlande entsprechen, nach der letzten Bedeckung desselben mit Moräne gebildet worden sind, muss man zwischen zwei Eiszeiten unterscheiden, die durch eine interglaciale Zeit von Landsenkung und Landhebung von einander getrennt sind. Die spätere Vergletscherung hat die Fischerhalbinsel und Kildin unberührt gelassen, sodass die interglacialen Strandlinien oberhalb derjenigen, die nach der späteren Vergletscherung gebildet worden sind, sich beibehalten haben können. In den Gegenden aber, die der späteren Vereisung ausgesetzt waren, sind die interglacialen Strandlinien zerstört worden.

Es mag an dieser Stelle hervorgehoben werden, dass die marine Transgression in Nordrussland und die interglacialen Strandlinien auf der Fischerhalbinsel und der Insel Kildin nicht die einzigen Zeichen einer quartären Landsenkung sind, welche älter und bedeutender war, als die am Schlusse einer jüngeren Eiszeit stattgefundene, sondern dass ähnliche Thatsachen auch in anderen Gegenden des nordeuropäischen Glacialgebietes beobachtet und mit mehr oder weniger klarer Auffassung ihrer Bedeutung erwähnt worden sind. So beschreibt Pettersen [1]) bei Tromsö Muschelbänke in 56 m Seehöhe, während die spätglaciale marine Grenze aller Wahrscheinlichkeit nach 38 m. ü. d. M. liegt. Ferner sind im südbaltischen Gebiete ausser den secundären durch Eis transportierten Vorkommen mehrerorts auch primäre interglaciale, *in situ* liegende marine Ablagerungen in grösseren Seehöhen

---

[1]) Tromsö Mus. Aarsb. 9. 67.

angetroffen worden als die der für diese Gegenden geltenden
spätglacialen marinen Grenzen. Die wichtigsten unter diesen
Lokalen findet man in einigen Arbeiten von Munthe [1]) aufgezählt.
Ich will hier nur an den Fund bei Neudeck zwischen Rosenberg
und Bischoffswerder in Westpreussen erinnern. Die interglacialen
marinen Schichten liegen hier 114 m ü. d. M. (die spätglaciale
Landsenkung = o m).

Solche Vorkommen mariner Ablagerungen, die auf Moräne
oder auf durch Gletscher erodiertem Boden ruhen und höher ge-
legen sind als die spätglacialen marinen Grenzen, d. h. von der
spätglacialen Trangression nicht überfluthet wurden, scheinen mir
das Auftreten interglacialer Epochen genügend zu beweisen, auch
wenn sie von einer Moräne nicht überlagert werden. Eine Moräne, an welcher die Grenze der Spuren von Meereseinwirkung
sich niedriger als die marinen Ablagerungen in derselben Gegend
befindet, ist jünger als die letzteren.

Wie aus dem obigen hervorgeht muss die Halbinsel Kola
Vereisungen mit maximaler Ausdehnung und einer solchen mit
geringerer Ausdehnung ausgesetzt gewesen sein. Dazu kommt
die spätere lokale Vergletscherung der centralen Hochgebirge [2]).

Vereisung von maximaler Mächtigkeit und Ausdehnung.

Während der grössten Vereisung waren die ganze Halbinsel Kola, die Fischerhalbinsel und die Insel Kildin vom Inlandeis
bedeckt. Dasselbe füllte auch das Becken des Weissen Meeres
aus und erreichte die bekannte grosse Ausdehnung nach Osten
und Südosten. Es scheint mir, dass kein selbständiges Centrum
der Firnbildung und Eisbewegung auf der Halbinsel Kola sich
vorfand, sondern dass die Eismassen von Nord-Finnland kamen
und in divergierenden Richtungen über Nordrussland flossen.

---

[1]) Bihang till k. sv. vet. akad. handl. B. 18, Afd. II, n:o 1. Bull. Geol.
Inst. Univ. Upsala 3. 27.

[2]) Fennia 11, n:o 2. S 38.

Man könnte vielleicht zweckmässig folgende Eisströme auf der Halbinsel Kola und im Becken des Weissen Meeres unterscheiden.

Der Enare-Waranger-Eisstrom. Er ist über die Enaregegend nach dem Warangerfjord und der Murmanküste westlich von der Fischerhalbinsel mit NNE-licher Bewegungsrichtung gekommen. Mit ihm wurden Blöcke aus dem Grundgebirge des Südwarangers nach der Warangerhalbinsel geführt. (Reusch [1]) führt u. a. bei Wadsö, 225 m ü. d. M., weit oberhalb der marinen Grenze, Gneiss und Diorit an). Wahrscheinlich wurde diese Halbinsel vom Landeise vollständig überschritten, obgleich keine direkten Beobachtungen über das Vorkommen von erratischen Blöcken und Schrammen veröffentlicht worden sind.

Der Murman-Eistrom. Er kam aus Nordfinnland mit W—E-licher bis ENE-licher Richtung, um dann die Murmanküste zwischen Petschenga und Rynda mit ungefähr NNE-licher Richtung zu überschreiten. Von dieser allgemeinen Bewegungsrichtung waren die unteren Theile der Eisdecke in den Thälern und Fjorden durch das Bodenrelief abzuweichen gezwungen, wie es die oft erheblichen Schwankungen der Richtung der Gletscherschliffe in den Thälern bezeugen. Im Fjord Motofskij Saliv und in der Meeresenge bei Kildin wichen die Eisströme nach Osten ab. Die Fischerhalbinsel und die Insel Kildin wurden jetzt von dem Inlandeis überschwemmt und mit Moräne und Blöcken des Grundgebirges bedeckt.

Der Umptek-Lujavr-Urt-Eisstrom. Mit W—E-licher Richtung von Nordfinnland kommend überquerte er den See Imandra, strich über den Umptek und den Lujavr-Urt hinweg, um zwischen Rynda und Mys Tschornij das Eismeer zu erreichen, seinen Weg mit Nephelinsyenitblöcken überstreuend.

Der Eistrom des Weissen Meeres. Er floss von der Kuolajärvi-Kuusamo-Gegend in Finnland nach Russisch Lappland und Russisch Karelien hinein. Seine nördliche Hälfte überschwemmte den südlichen und östlichen Theil der Halbinsel Kola, den Umptek-Lujavr-Urt-Eisstrom nach dem Eismeer drängend

---

[1] Det Nordlige Norges Geologi. S. 84.

und nephelinsyenitfreie Moräne östlich von Mys Tschornij ablagernd. Die südliche Hälfte dieses Eisstromes zog nach Osten hin durch das Weisse Meer.

Der Onega-Eisstrom. Er füllte die Onega-Bucht aus und bildete mit seinem südöstlichen Verlauf einen Übergang zu den finnländischen Eisströmen.

Es kann auf Grund der zu Gebote stehenden Beobachtungen nicht entschieden werden, ob die oben besprochenen Merkmale maximaler Vereisung der Halbinsel Kola und des übrigen Nordrusslands von einer oder mehreren Eiszeiten herrühren. Wenn indessen sowohl eine »Saxonian» wie eine »Polandian» Periode im Sinne Geikie's [1]) existiert haben, gehören sie beide der oben erwähnten Kategorie von Vereisungen mit maximaler Ausdehnung an.

Spätere Vergletscherung von geringerer Ausdehnung.

Nach der interglacialen Periode mit der umfassenden marinen borealen Transgression in Nordrussland, wurde die Halbinsel Kola und die Umgebungen des Weissen Meeres wieder den Wirkungen eines von Skandinavien und Finnland ausgehenden Inlandeises ausgesetzt. Dasselbe war von geringerer Ausdehnung als das oben erwähnte, denn die Fischerhalbinsel und die Insel Kildin wurden von ihm nicht mehr überschritten. In diesen Gebieten sieht man noch die Uferlinien der interglacialen Landsenkung.

Was die Grenze des Landeises betrifft, scheint mir die Voraussetzung berechtigt, dass die Verhältnisse auf der westlichen Murmanküste und Südwaranger denen auf der norwegischen West- und Nordwestküste, die wir durch De Geers Arbeiten kennen, ähnlich waren, d. h. dass das Landeis nur durch Gletscherzungen in den Fjorden zum Meere gelangte.

Auf Grund der auf S. 80 gegebenen Deutung der marinen Grenzen zwischen Teriberka und Warsinsk als interglacial wird auch angenommen, dass bei der späteren Vereisung die Mur-

---

[1]) Journal of Geology 3. 241.

manküste östlich von Kildin vom Landeise nicht mehr überquert wurde, sondern dass der Rand desselben sich irgendwo zwischen den centralen Hochgebirgen und der Nordküste befand.

Östlich und südöstlich vom Weissen Meere hat diese Eisdecke sich über die interglacialen Ablagerungen ausgebreitet. Wie weit die von ihr abgeladenen Moränen und Hvitåbildungen sich erstreckt haben, ist noch nicht untersucht. Doch scheint die Konfiguration des Bodens es anzugeben. Wie schon oben oft hervorgehoben, bildet nämlich die Moräne an der Winterküste und im Tieflande der unteren Dwina eine unebene kleinhügelige, von Kleinseen und geschlossenen Senkungen erfüllte Oberfläche. Die so beschaffene Landschaft scheint an einer Grenze aufzuhören, die westlich vom Flusse Kuloj verläuft und die Dwina oberhalb Ust-Wagi überquert. Es mag auch hervorgehoben werden, dass der Fluss Kuloj, den ich von den Quellen bis an die Mündung befahren habe, und seine Nebenflüsse auf der rechten Seite sehr ruhige Ströme sind, während die linken Nebenflüsse mehrere Stromschnellen und Wasserfälle bilden sollen. Nun kommt es mir nicht unwahrscheinlich vor, das diese Grenze in der Bodenkonfiguration auch die Ausbreitung der jüngeren Moränendecke, zum mindesten die geringste Ausdehnung derselben, annähernd angiebt. Es ist doch nicht unmöglich, dass das Landeis sich einmal noch etwas weiter nach E und SE hin erstreckt hat. — Zu dieser Betrachtung bin ich durch die Übereinstimmung geführt worden, die mir in gewissen Punkten zwischen den besprochenen Verhältnissen und dem bekannten Zusammenhang der norddeutschen Seeplatte mit der Ausbreitung der jüngeren baltischen Moräne vorzuliegen scheint.

Die verschiedenen Eisströme scheinen zu dieser Eiszeit folgenden Verlauf gehabt zu haben.

Der Enare-Waranger-Eisstrom endete im Warangerfjord und überschritt nicht die Warangerhalbinsel. Der Murman-Eisstrom erreichte den westlichen Theil der Murmanküste in den Fjorden und breitete sich wohl nördlich vom Nephelinsyenitgebiet über einen Theil der östlichen Hälfte der Halbinsel Kola

aus, ohne an's Eismeer zu gelangen. Der Umptek-Lujavr-Urt-
Eisstrom hatte während dieser Eiszeit eine ganz andere Richtung
als während der früheren, indem er das Nephelinsyenitgebiet
durchquerend erst nach Südosten dem Weissen Meere zu und
dann der Süd- und Ostseite der Halbinsel entlang floss. Er füllte
wahrscheinlich den Einlauf zum Weissen Meere ganz aus. Auch
der Eisstrom des Weissen Meeres ist weniger bedeutend
gewesen und hat nur das Weisse Meer durchzogen. Der Onega-
Eistrom folgte der Onega-Bucht mit SE-lichem Verlauf.

Das Inlandeis der letzten grossen Vereisung muss südöstlich
vom Weissen Meere die unteren Läufe mehrerer Flüsse gedämmt
haben, und man kann hier ähnliche Ablenkungen derselben erwarten, als die wohlbekannten Beispiele in Norddeutschland [1]).
Auf meiner Reise den Flüssen Pinega und Kuloj entlang begegnete ich auch Erscheinungen, die wahrscheinlich mit der früheren
Abdämmung durch Landeis in Zusammenhang stehen.

Ein Blick auf die geologische Übersichtskarte von Russland [2]) lenkt u. a. die Aufmerksamkeit auf die nördlichen Flüsse
Dwina, Pinega, Kuloj, Mesen etc., welche die quartären Bildungen
(Q_1^h) durgraben haben und in Betten auf permischen und carbo-
nischen Schichten fliessen. Weiter begegnet man bei der Stadt
Pinega an dem gleichnamigen Flusse einem breiten Thal, welches das Pinega-Thal mit dem Kuloj-Thal verbindet. Hier sieht
man zwischen von permischen Schichten und Moräne gebildeten Anhöhen einen weiten, flachen, von Schwemmbildungen
erfüllten Thalboden, der aber nur zur Zeit der Schneeschmelze
von Gewässern durchzogen wird, indem dann die Pinega, welche
gewöhnlich nur der Dwina zufliesst, sich hier auch einen direkten
Abfluss nach dem Eismeer durch den Kuloj sucht. Ohne Zweifel
haben dieses todte Thal und das Kulojthal in früheren Zeiten —
nach meiner Meinung während der letzten grossen Vereisung, als
der Eisrand in der Nähe der Stadt Pinega lag und den unteren

[1]) Fr. Wahnschaffe. Die Ursachen der Oberflächengestaltung des Norddeutschen Flachlandes. Stuttgart 1891. S. 122.

[2]) Carte géologique de la Russie. 1892.

Lauf des Flusses überquerte — die Fortsetzung der oberen Pinega gebildet. [1]) (Fig. 6). Daraus erklärt sich, warum der Fluss Kuloj von seiner Quelle an ein so weites und im festen Gestein gut ausgebildetes Thal durchfliesst, während andere ebenso wasserreiche Flüsse dieser Gegend z. B. die Sojana bis jetzt nur in den quartären Ablagerungen sich ihr Bett erodiert haben.

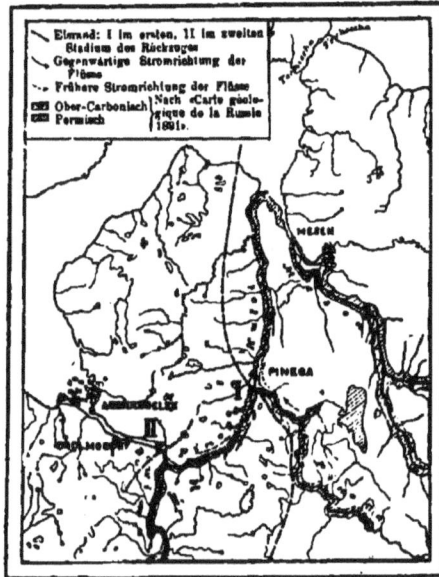

Fig. 6.

Aber auch der untere Theil des Pinega-Thales scheint mir in früheren Zeiten von einem bedeutenderen Gewässer durchzogen gewesen zu sein als jetzt. Dafür spricht seine Breite. Der Abstand zwischen den umgebenden Abhängen erreicht nämlich oft bis 2 km. Die gegenwärtige Flussrinne nimmt nur einen geringen

---

[1]) Es scheint mir auch sehr wahrscheinlich, dass die kleinen Bäche Tschischa und Tschoscha auf der Halbinsel Kanin in einem alten Durchbruchsthal des im Meerbusen von Mesen abgesperrten Flusswassers von Nordrussland fliessen.

Theil dieses weiten mit Schwemmbildungen und Flussgeröllen bedeckten Thalbodens ein, der von Stadt der Pinega eine lange Strecke
flussabwärts noch jeden Frühling überschwemmt wird, aber im unteren Thallauf schon bedeutend höher als das gegenwärtige Fluss-
bett, z. B. bei Ust-Pinegi ca. 12—14 m höher als die Dwina und
die Pinega liegt. Diese Beobachtungen haben mich auf den
Gedanken geführt, dass der Eisrand der letzten Vereisung auch
eine längere Zeit ungefähr bei Ust-Pinegi gestanden haben muss,
wodurch das Wasser der Dwina aufgedämmt wurde (wenigstens
14 m) und sich einen Abfluss durch die Pinega und das besprochene todte Thal nach dem Kuloj und dem Eismeer suchte. Ich
vermuthe, dass man an der Dwina oberhalb Ust-Pinegi Flussterrassen finden wird, deren Höhen mit dem Passpunkt zwischen
Pinega und Kuloj korrespondieren.

Diese oben besprochene spätere Vergletscherung der Halbinsel Kola und der Umgebungen des Weissen Meeres scheint
mir der letzten grossen Eiszeit anzugehören, d. h. mit dem
jüngeren baltischen Eistrom gleichzeitig gewesen zu sein und dem
»Mecklenburgian» Geikie's [1]) zu entsprechen. Ich hege nämlich
aus folgenden Gründen die Ansicht, dass das nordeuropäische
Inlandeis eine grössere Ausdehnung nach Osten und Südosten
hatte, als De Geer's bekannte Darstellung angiebt.

Wenn man mit De Geer annimmt, dass die südbaltischen
Endmoränen in Norddeutschland die Grenze der letzten Vereisung
waren, [2]) ist ihre östliche Fortsetzung wie u. a. Keilhack [3]) es hervorgehoben hat, nicht in der von De Geer angegebenen Richtung
in der Ostsee, sondern nach Osten hin in Posen zu suchen. In
der That findet man auch, dass die Kleinsee-Landschaft auf dem
baltischen Höhenrücken, die gewöhnlich für die Grundmoränen-
landschaft des letzten grossen Inlandeises (des baltischen Eisstro-

---

[1]) Journal of Geology 3. 241.

[2]) Bekanntlich sind mehrere deutsche Geologen der Ansicht, dass die letzte
Vereisung eine noch grössere Ausdehnung gehabt hat (Keilhack, sic unten; Wahnschaffe l. c. S. 114).

[3]) Journal of Geology. 5. 133.

mes) gehalten wird, nicht in der Provinz Preussen aufhört, sondern nach Osten hin in West- und Nordrussland ihre Fortsetzung
hat, die wenigstens auf grösseren und besseren Karten gut ersichtlich ist. (Fig. 7). Es liegt nun nahe zur Hand anzunehmen,

Fig. 7.

— und so ist es auch geschehen, — dass auch in Russland dieses
Kleinsee- Grundmoränengebiet von der letzten Eiszeit herstammt.
Dass wirklich innerhalb dieses Gebietes und in seiner Nähe in
Westrussland intramoräne, interglaciale Bildungen vorkommen,
ist von Krischtafowitsch[1]) überzeugend nachgewiesen worden.

Diese Kleinsee-Grundmoränenlandschaft endet gegen Süd-

[1]) Annuaire géologique de la Russie. *2*. Revue de la Literatur. S. 5—13.

osten ziemlich scharf ungefähr bei der Wasserscheide zwischen
dem Baltischen Meere auf der einen und dem Schwarzen und
Kaspischen Meere auf der anderen Seite. Setzt man diese Grenze
südöstlich und östlich vom Weissen Meere fort, umschliesst sie
das von mir oben angenommene Gebiet der späteren Vereisung,
deren Moräne über die fossilführenden marinen Schichten abgelagert worden ist. Darum scheint mir die spätere Vergletscherung
am Weissen Meere mit der am Baltischen gleichzeitig gewesen
zu sein. Dass die äusserste Grenze des letzten grossen Landeises
gerade mit dem Aussenrande des Kleinsee-Moränengebietes zu-
sammenfiel, ist wohl hier ebenso wenig wie in Norddeutschland
der Fall. Diese Grenze bezeichnet wahrscheinlich viel mehr einen
sehr langen Aufenthalt des Eisrandes nach einem Rückzug von
der allergrössten Ausdehnung.

Einen anderen Grund für diese Annahme, dass die letzte
grosse Vereisung von Fennoskandia sich nach Osten hin weiter
erstreckte, als De Geer vermuthet, finde ich in folgender Überlegung. Wie oben angeführt worden ist, findet man die marinen Grenzen in der jüngeren Moräne östlich vom Weissen Meere
in geringeren Höhen als die interglacialen »borealen» Ablagerungen, und auf der Fischerhalbinsel und der Insel Kildin kommen interglaciale marine Grenzen vor, die viel höher liegen als
die obersten spätglacialen Strandlinien. Betrachten wir jetzt die
höchsten Uferlinien, die man in Finnland, Ingermannland und den
Ostseeprovinzen südlich und östlich von der von De Geer für die
Ausbreitung der letzten Vereisung angenommenen Grenze ermit-
telt hat, sehen wir, dass ihre Niveaus mit den Höhen der marinen
Grenzen innerhalb des von De Geer als vergletschert angesehe-
nen Gebietes sehr gut korrespondieren, d. h. spätglacial sind,
während man von höher gelegenen interglacialen Strandlinien
keine Spuren kennt. Und doch muss wohl auch hier die interglaciale Landsenkung grösser als die spätglaciale gewesen sein, wie
es der Fall in Nordrussland, Norwegen, Norddeutschland, Däne-
mark und Südschweden war. Auf Grund des Fehlens interglacialer Strandlinien in den genannten Gegenden östlich und südlich

der von De Geer angenommenen Grenze der letzten Vereisung, müssen auch diese von jüngerer Moräne bedeckt sein, wahrscheinlich bis über die oben besprochene Südostgrenze des Kleinseegebietes.

Dass der Salpausselkä in Finnland und seine Fortsetzung in Russland, wie es schon längst behauptet worden war, eine an der schon sehr verminderten Eisdecke entstandene Randbildung ist, folgt aus der oben gegebenen Darstellung. Zu dieser Zeit des Rückzuges und der Abschmelzung, von welcher die Salpausselkäbildung die wichtigste Phase ist, sind auch die Åsar entstanden, sowie wahrscheinlich die Mehrzahl der Gletscherschliffe, indem wohl immer im Randgebiete des Inlandeises die deutlichsten Erscheinungen der Gletscherwirkung zurückblieben. Darum geben sie besonders westlich vom Weissen Meere und am Golf von Kandalakscha vorzugsweise die letzten Bewegungsrichtungen des sich zurückziehenden Landeises und weniger die Stromrichtungen bei grösserer Ausdehnung an.

Rosberg vermuthet mit Ailio, dass der vom letzteren entdeckte Grusrücken westlich von Umba eine am Eisrande vielleicht gleichzeitig mit dem Salpausselkä entstandene Bildung ist. In dem Falle lag das Nephelinsyenitgebiet zur Salpausselkäzeit schon ausserhalb der grossen fennoskandischen Eisdecke. In jedem Falle muss dies einmal beim Rückgang des Inlandeises eingetroffen sein, und dann ist es nicht unmöglich, dass die Eismassen das zwischen dem Hochgebirge Monschetundar im Westen und dem Umptek in Osten gelegene Imandrathal sowohl am Nord- wie am Südende absperrten. Hierdurch entstand ein grosser Eissee, dessen Ufer vielleicht durch die höchsten Strandlinien, 229 m und 233 m ü. d. M., am Umptek noch markiert sind. Bei noch weiter gegangener Abschmelzung des Eises schrumpften die absperrenden Eismassen zu niedrigerer Höhe zusammen. Solche Stadien des Eisseestandes werden vielleicht durch die höchsten Strandlinien bei Sascheika 197 m ü. d. M. und am Nordende des Imandra, 172 m. ü. d. M. bezeichnet. Es ist klar, dass diese Annahmen künftiger Untersuchungen bedürfen, um bewiesen oder durch viel-

leicht richtigere Erklärungen ersetzt zu werden. Ich bin zu ihnen
hauptsächlich deswegen gekommen, weil mir sonst eine Deutung
der am Imandra gemessenen höchsten Strandlinien als marine
Grenzen die unwahrscheinliche Annahme einer an anderen Gegenden nicht bekannten, ungewöhnlich starken lokalen Hebung noth-
wendig zu machen schien.

Ein weiteres Räthsel hat die Nephelinsyenitblöcke führende
Moräne im oberen Kolathal dargeboten. Sie muss von einem
aus dem Umptek ausgehenden Gletscher gebildet gewesen sein
und setzt ein Centrum der Firnbildung in diesen Hochgebirgen
voraus. Sie ist auch älter als die oben besprochene Bildung der
Strandlinien am Imandra. Vielleicht hat eine selbständige Gletscher-
bildung während der letzten grossen Eiszeit in den Hochgebirgen
auf Kola stattgefunden, sodass diese, nachdem die grosse gemeinsame fennoskandische Eisdecke sich vermindert hatte, eigene Cen-
tra der Eisströme ausmachten. Wie solche Verhältnisse aber mit
der Bildung eines Eissees im Imandrathal und mit dem von mir
früher erwähnten [1] »Nunatakstadium» des Nephelinsyenitgebietes
im richtigen Zusammenhang gebracht werden sollen, kann ich auf
Grund jetzt vorliegender Beobachtungen nicht enträthseln.

Lokale Vergletscherung der centralen Hochgebirge.

In einer früheren Arbeit (Fennia 11; N:o 2) habe ich nachgewiesen, dass die Hochgebirge Umptek und Lujavr-Urt nach der
allgemeinen Vereisung der Halbinsel Kola einer lokalen Vergletscherung ausgesetzt gewesen sind. Da nun nicht nur die aller
grösste Vereisung von Nordeuropa (»Saxonian» und »Polandian»
Geikie's) sondern auch das letzte grosse Landeis (»Mecklenburgian»)
die Halbinsel Kola überschwemmt hat, kann die specielle Vergletscherung nicht diesen Eiszeiten angehören, wenn sie nicht einem letzten Stadium der »Mecklenburgian»-Periode mit einer späteren Verschlechterung des Klimas entspricht. Die Beantwortung

---

[1] Fennia 11, n:o 2, S. 44.

dieser Frage könnte aus Untersuchungen über das Verhältniss der letzten lokalen Moränen zu den Strandlinien am Umptek hervorgehen. Beobachtungen hierüber liegen aber noch nicht vor. Ebenso ist es noch unentscheiden, ob der vom Umptek ausgegangene Gletscher im oberen Kolathal von dieser letzten lokalen Vereisung oder einer älteren Periode herrührt.

2. Niveauschwankungen.

Mehrere Landsenkungen.

Es geht aus den mitgetheilten Beobachtungen hervor, dass . in der Umgebung des Weissen Meeres die höchsten Strandlinien in einer jüngeren Moräne (Mecklenburgian) auftreten und folglich mit den von De Geer, [1]) Berghell, [2]) Högbom, [3]) Hackman [4]) und mir [5]) bestimmten spätglacialen marinen Grenzen in Schweden und Finnland verglichen werden können. Ausserdem findet man hier auch niedrigere Terrassen und Uferwälle, die der Grenze einer späteren, ohne Zweifel der s. g. postglacialen, Landsenkung entsprechen, deren Betrag im baltischen Gebiete wir durch die Arbeiten von De Geer, [6]) Munthe [7]) und Berghell kennen.

Die marinen Grenzen auf der Fischerhalbinsel und der Insel Kildin gehören dagegen einer Landsenkung an, die älter und umfassender war als die spätglaciale. Die Grenzen der letzteren werden hier durch niedriger gelegene Terrassen, am gegenüberliegenden Festlande aber durch die höchsten Strandlinien angegeben. Eine langandauernde Landhebung mit bedeutender Verwitterung

---

[1]) G. F. F. *10*, 366; *12*, 61; *16*, 632; und Skandinaviens geografiska utveckling.

[2]) Fennia *13*, n:o 2.

[3]) G. F. F. *18*, 469.

[4]) Fennia *14*, n:o 1 und n:o 5.

[5]) Fennia *12*, n:o 5.

[6]) l. c. und G. F. F. *6*. 149.

[7]) Bull. Geol. Inst. Univ. Upsala. *2*. 1.

und Erosion liegt zwischen diesen beiden Landsenkungsperioden. Die Grenzen einer dritten Landsenkung treten in noch niedrigeren Niveauen auf.

Dass auch an der Murmanküste zwischen Teriberka und Warsinsk die höchsten Strandlinien früher als die letzte Vereisung der Halbinsel Kola entstanden sind, ist sehr wahrscheinlich, obgleich nicht bewiesen, da die Beobachtungen auch so gedeutet werden können, dass die marinen Grenzen auf der jüngsten Moräne liegen.

In Nordrussland östlich vom Weissen Meere haben wir ferner die oft erwähnte »boreale marine Transgression» interglacialen Alters. Ihre Ablagerungen liegen zum grössten Theil ausserhalb des Gebietes der spätglacialen Landsenkung und auf höheren Niveauen als die marinen Grenzen in der jüngeren Moräne östlich vom Weissen Meere.

Man kann folglich in den vor mir untersuchten Gegenden wenigstens drei verschiedene quartäre Landsenkungen mit bestimmten Grenzen unterscheiden, nämlich

1) die interglaciale Landsenkung, welche die umfassendste war;

2) die spätglaciale und

3) die postglaciale Landsenkung, geringer als die beiden ersten.

Sie waren durch mehr oder weniger langandauernde Landhebungen von einander getrennt.

Die interglaciale Landsenkung.

Die grosse Ausdehnung der interglacialen Landsenkung wird am besten aus der Verbreitung der marinen Ablagerungen in Nordrussland östlich und südlich vom Weissen Meere ersichtlich. Nach der ersten allergrössten Vereisung ist der Boden von einem Meere überfluthet worden, welches nach Tschernyscheff Höhen von bis zu 150 m über der gegenwärtigen Meeresoberfläche erreichte. Ebenso treten im südbaltischen Gebiet marine in-

terglaciale Ablagerungen häufig auf, und zwar wie in Nordrussland auf Höhen, bis zu welchen das spätglaciale Meer sich nicht
erstreckte, während wir in den westlichen Theilen von Nordrussland bis jetzt keine solche kennen.

Wenn marine interglaciale Ablagerungen im Nordwesten
von Russland vorkamen, sind sie wohl zum grösseren Theil
durch die spätere Vereisung verwischt worden, während in einem Übergangsgebiete, wie z. B. im Tieflande der unteren
Dwina, die interglacialen Bildungen von Moräne überlagert werden. Die Winterküste und der grösste Theil der Onegahalbinsel, welche auf der geologischen Übersichtskarte von Russland
(1892) auf dieselbe Weise wie die borealen marinen Ablagerungen
bezeichnet werden, sind mit jüngerer Moräne bedeckt, und die
Thone in der Umgebung der Onega-Bucht und auf der Onegahalbinsel, die auch mit denselben Farben und denselben Buch-
staben angegeben werden, gehören Ablagerungen an, welche noch
jünger als diese Moräne sind.

In Gebieten der interglacialen Landsenkung, die von der
späteren Vereisung nicht berührt wurden, sind die Strandlinien
von dieser Zeit noch beibehalten, wie z. B. die schon oft angeführten marinen Grenzen auf der Fischerhalbinsel und der Insel
Kildin.

Ein ähnliches Gebiet ist sicher auch die westlich davon gelegene Warangerhalbinsel. Denn wenn wir uns erinnern, dass
das Inlandeis bei der letzten grossen Eiszeit die Fischerhalbinsel
und die Insel Kildin nicht überschritt, und dass es auf der norwegischen Nordwestküste nur die inneren Fjordenden erfüllte, wie
De Geer [1]) es wahrscheinlich gemacht hat, so ist es kaum anzunehmen, dass das Land zwischen den Tana- und Warangerfjor-
den vereist war. Die marinen Grenzen müssen hier folglich interglacial sein, da wohl auch hier diese Landsenkung bedeutender
war als die spätglaciale. Ihre Höhen an verschiedenen Orten
gehen aus Reusch's [2]) Untersuchungen hervor.

---

[1]) G. F. F. 7, 436; 10, 195.
[2]) Det nordlige Norges geologi. 80—92.

Westlich von Wadsö bei der Mündung des Thomaselv liegt die marine Grenze ca. 93 m ü. d. M. (nach Strahan [1]) 285' = 84 m), 3 km ENE von Wadsö ca. 82 m und bei der Mündung des Jakobselv ca. 79 m ü. d. M. .

In der Umgebung von Kiberg giebt Reusch als Betrag der marinen Grenze an einem Ort 79 m ü. d. M., an einem anderen ungefähr 50 m ü. d. M. an. Dieser Widerspruch der Beobachtungen kann vielleicht darin seine Erklärung haben, dass die interglaciale marine Grenze 79 m ü. d. M. liegt, während die niedrigere Strandlinie von 50 m Höhe die Grenze der spätglacialen Landsenkung ist, und dass an diesem Ort die höher gelegenen Spuren der älteren Landsenkung durch Erosion verwischt worden sind, wie es auch auf der Fischerhalbinsel oft der Fall ist.

Bei Makur liegt die nach meiner Auffassung interglaciale marine Grenze 60 m ü. d. M. nach Reusch. Ob die von ihm bestimmte höchste Strandlinie bei Berlevaag, 22 m ü. d. M., auch interglacial ist, scheint mir zweifelhaft. Ihr niedriger Werth weist mehr auf ein spätglaciales Alter hin. Vielleicht sind die interglacialen Strandlinien hier verwischt worden.

Südlich vom Warangerfjord hat Mohn [1]) sehr hochliegende Terrassen bei Gandvik, 294' = 87 m und bei Myelv, 292' = 87 m ü. d. M. barometrisch bestimmt. Ihre Höhen, verglichen mit den spätglacialen marinen Grenzen am Kolafjord und Titofka und den interglacialen marinen Grenzen auf der Fischerhalbinsel, weisen auf einen Zusammenhang mit den letzteren hin, obgleich sie wahrscheinlich nicht die höchsten Strandlinien sind.

Wir würden also an der westlichen Murmanküste und in Ostfinnmarken folgende Beträge der interglacialen Landsenkung kennen

bei Makur . . . . ca. 60 m ü. d. M. (S. 125)
» Kiberg . . . . » 79 » » » » (S. 125)
» Wadsö, ... » 82 » » » » (S. 125)
» Gandvik. . . . . > 87 » » » » (S. 125)

[1]) Q. J. G. S. *53*, 147.
[1]) Nyt Magazin for Naturvidenskaberne. *22*, 1.

bei Myelv . . . . > 87 m ü. d .M. (S. 125)

auf der Fischerhalbinsel . . 90—100 » » » » (S. 63)

» » Insel Kildin . . . . ca. 95 » » » » (S. 67)

Was die alten Uferbildungen am östlichen Theil der Murmanküste betrifft, kann man unter ihnen die marine Grenze und zwei andere ausgeprägte Strandlinien unterscheiden. Wenn die Auffassung richtig ist, dass auch hier die ersteren interglacial sind, und dass die zwei anderen der spät- und der postglacialen Landsenkung entsprechen, haben wir noch folgende interglaciale marine Grenzen:

bei Gavrilovo . . . . . . ca. 65 m ü. d. M. (S. 69)

» Portschnicha. . . . . . » 62 » » (S. 70)

» Kekora . . . . » 60 » » (S. 71)

» Rynda. . . . . » 58 » » (S. 72)

» Solotaja Guba . . . . . » 57 » » (S. 73)

» Tschegodajeff . . . . . » 52 » » (S. 73)

» Charlofka. . . . . . . » 49 » » (S. 76)

» Litsa . . . . » 45 » » (S. 76)

» Warsinsk. . . . . . . » 37 » » (S. 78)

Es wäre noch verfrüht auf Grund der wenigen bekannten Höhen der interglacialen marinen Grenzen Isobasen zu ziehen. Unsere Kenntnisse derselben müssen aber bedeutend erweitert werden können durch Untersuchungen in Nordrussland ausserhalb des Gebietes der letzten Vereisung sowie an den norwegischen Küsten, die zur Zeit derselben eisfrei waren. Im ersteren Gebiete wissen wir schon durch Tschernyscheff's Mittheilungen, dass Höhen von 120 bis zu 150 m vom Meere erreicht wurden. Auch von letzterem Gebiete scheinen mir Angaben über interglaciale Strandlinien vorzuliegen, auf welche schon Pettersen (S. 110) die Aufmerksamkeit gelenkt hat.

Marine Ablagerungen von der Zeit der interglacialen Transgression kommen auf der Halbinsel Kola nicht vor. Ebenso wenig sind Schalenbänke auf den Terrassen von dieser Zeit beobachtet worden.

Über die Fauna und das Klima derselben geben indessen
die auf der S. 97 aufgezählten Funde von marinen Mollusken im
Tieflande der Dwina Aufschluss. Es kommen unter ihnen keine
echt arktische Formen vor, z. B. nicht *Yoldia arctica*, die jetzt
im Weissen Meere lebt, sondern Arten, die auf ein ebenso gemässigtes Klima wie das gegenwärtige hindeuten, ja auch solche,
die diese nordischen Meere jetzt nicht bewohnen, wie z. B.
Cardium edule und *Astarte sulcata*. Diese schon längst bekannten und richtig gedeuteten Thatsachen haben ja auch die Veran-
lassung gegeben, die besprochenen posttertiären Sedimente Ablagerungen der »borealen» marinen Transgression zu benennen.

Die spätglaciale Landsenkung.

In der ganzen Umgebung des Weissen Meeres sind die
marinen Grenzen spätglacial. Dasselbe ist vielleicht auch auf der
Murmanküste zwischen Warsinsk und Teriberka der Fall nach
dem auf S. 79 ausgelegten Gründe. Es scheint mir doch wahr-
scheinlicher, dass die höchsten Strandlinien hier interglacial sind,
womit die spätglacialen marinen Grenze an der s. g. Deltastrand-
linie liegen würden.

An der westlichen Murmanküste sind nur die an den Fjorden am Festlande bestimmten marinen Grenzen spätglacial. An
der Küste des Eismeeres, auf der Fischerhalbinsel und der Insel
Kildin sind die Grenzen der spätglacialen Landsenkung durch gewisse niedriger befindliche Strandlinien bezeichnet.

Dasselbe ist auch, nach der auf der Seite 124 gegebenen
Auffassung der marinen Grenzen auf der Warangerhalbinsel,
dort und in Südwaranger der Fall. Die höchsten Strandlinien der
spätglacialen Landsenkung sind unter den niedriger gelegenen,
von Mohn [1], Reusch [2] und Strahan [3] gemessenen Terrassen und
Wällen zu suchen.

[1] l. c.
[2] Nordlige Norges geologi. S. 80—92.
[3] l. c. Siehe S. 125.

Wie hoch die spätglaciale Grenze bei Thomaselv bei Wadsö liegt, lässt sich indessen aus den Bestimmungen nicht ersehen, vielleicht unter den Wällen zwischen 140′ und 240′ (Strahan)

Bei Kiberg aber führt Reusch neben der hoch liegenden marinen Grenze von 79 m (interglacial) auch eine solche von 50 m Seehöhe an. Aus oben auseinandergesetzten Gründen halte ich dieselbe für spätglacial. Eine Terrasse an der Grenze der spätglacialen Landsenkung ist gewiss auch die von Reusch photographisch abgebildete Strandlinie im anstehenden Gestein bei den »Svenskestenerne», denn sie hat eine auffallend grosse Ähnlichkeit mit mehreren der höchsten spätglacialen Terrassen auf der Fischerhalbinsel. Die für sie angegebene Höhe von 32 m ü. d. M. ist, wie Reusch sebst betont, gewiss nicht richtig. — Unfern Kramvik bei Kiberg schliesst eine Schar hinter einander gelagerter Accumulationswälle mit einem obersten von 56 m ü. d. M. ab, vielleicht einem Grenzwall der spätglacialen Landsenkung.

Bei Makur begegnet man nach Reusch ausser der nach meiner Auffassung interglacialen, 60 m hoch belegenen marinen Grenze einer anderen ausgeprägten Uferlinie 34 m ü. d. M. Diese scheint die Grenze einer Transgression zu bezeichnen, denn die obersten an ihr gelegenen Uferwälle haben ein kleines Gewässer abgedämmt, sodass sie jetzt einen See einschliessen. Ich halte diese Strandlinie für spätglacial, und damit steht meine Auffassung, dass die marine Grenze bei Berlevaag (S. 125) zu derselben Epoche gehört, im guten Einklang.

In Südwaranger hat Mohn bei Gandvik, eine sehr gut ausgebildete Terrasse 238′ = 71 m ü. d. M. gefunden. Bei einem Vergleich dieses Betrages mit den Niveauen der spätglacialen marinen Grenzen auf der Fischerhalbinsel und bei Titofka, scheint mir diese Strandlinie bei Gandvik nahe an derselben Grenze zu liegen (die obere Terrasse ist interglacial).

Nach freundlicher Mittheilung von Herrn Forstmeister Granit kommen mehrere hoch gelegene Terrassen in der Umgebung des Neidenfjords vor, und am oberen Lauf des Munkelv hat er Blockuferterrassen an und über dem Niveau des Sees Enare (120

m ü. d. M) angetroffen. Dieser See scheint nämlich in spätgla-
cialer Zeit mit dem Meere zusammengehangen zu haben, was
auch dadurch bestätigt werden dürfte, dass der Fluss Ivalo gewaltige hochliegende Deltabildungen durchzieht.

Wir haben dann im östlichen Theil des nordeuropäischen
Glacialgebietes folgende durch Messungen bestimmte Höhen der
Grenze für die grösste Landsenkung nach der letzten Vereisung.

					N:o in Seite Fig. 8.	
Bei Berlevaag, Warangerhalbinsel .	ca.	22	m ü. d. M.	125	—	
» Makur, » .	»	34	»	»	128	—
» Kiberg, » .	»	50	»	»	»	—
» Gandvik, Südwaranger	»	71	»	»	»	—
» Waida-Guba, Fischerhalbinsel (?)	»	55	»	»	63	7.
» Tsip-Navolok, » » (?)	»	55	»	»	»	6.
» Muotka, Gavanj Novoj Semlji, Fischerhalbinsel .	»	68	»	»	»	3.
» Tri Korovy » » .	»	69	»	»	»	4.
» Malaja Karabelnaja, F. »	»	67	»	»	»	5.
» Kutovaja, Fischerhalbinsel . .	»	72	»	»	»	2.
» Titofka, Murmanküste	»	75	»	»	59	1.
» 1 km N von Wolokovaja, Kolafjord »	64	»	»	56	8.	
» 2 » S » » , »	»	66	»	»	»	9.
» Tiuva, »	»	70	»	»	»	10.
» Jekaterinenskaja Gavanj, »	»	72	»	»	»	11.
» Srednij, »	»	73	»	»	55	12.
» Salnij, »	»	75	»	»	»	13.
» Bjälokamensk, »	»	80	»	»	»	14.
» Gorjäla, »	»	84	»	»	54	—
» Malaja Gorjäla, »	»	86	»	»	53	15.
Ca. 18 km S von Kola	»	93	»	»	52	16.
Auf Kildin, W Ende	»	51	»	»	65	17.
» » , E »	»	49	»	»	66	18.
Bei Teriberka, Murmanküste . . .	»	46	»	»	68	19.
» Gavrilovo, » . . .	»	39	»	»	69	20.
» Kekora, » . . .	»	38	»	»	71	22.

						N:o in Seite	Fig. 8.
Bei Rynda, Murmanküste	. . .	ca.	40 m. ü. d. M.			71	23.
» Luschky	»	. .	» 41 »	»		72	—
» Solotaja Guba,	»	. .	» 41 »	»		73	24.
» Charlofka,	»	. .	» 35 »	»		»	26.
» Litsa,	»	. (?)	» 28 »	»		76	27.
» Warsinsk,	»	. .	» 24 »	»		78	28.
» Ponoj, Tersche Küste			unbeudetend			81	31.
» Orloff	»	»	. . . . .	o m ü. d. M.		82	30.
» Kusminska, Tersche Küste,			> 1 »	»		»	32.
» Sosnofka,		»	ca. 15 »	»		»	33.
» Babja,	»	»	» 17 »	»		83	34.
» Pjalitsa,	»	»	» 25 »	»		»	35.
» Tetrina,	»	»	< 35 »	»		»	36.
» Tschavanga,	»	»	> 32 »	»		84	37.
» Warsuga	»	»	ca. 50—55 »	»		85	38.
» Turja.	»	»	ca. 99 »	»		»	39.
» Umba, Golf von Kandalakscha			» 109 »	»		»	40.
» Porja Guba, Golf von	»		» 119 »	»		86	41.
» Kandalakscha, »	»		» 145 »	»		49	42.
» Tolstik bei Kovda	»		» 138 »	»		86	43.
» Kem,	Pomorsche Küste		» 90 »	»		»	—
» Medveschija Gory, »		»	> 100 »	»		90	—
» Api Gora	»	»	> 100 »	»		»	—
» Svjataja Gora, Njuktscha		»	> 100 »	»		»	—
» Sekirnaja Gora, Solovetsk			ca. 50 »	»		89	—
» Lopschenga, Sommerküste			» 30 »	»		92	—
» Nenoksa,	»		< 40 »	»		»	—
» Tabor, am Delta der Dwina		{	> 21 »	»		»	—
			< 25 »	»		»	—
» Isakogora bei Archangelsk			> 18 »	»		93	—
» Simnaja Solotitsa, Winterküste, ca. 6,25 »				»		»	44.
» Djesaglinka,	»		» 6,5 »	»		94	—
» Megra	»		» 5,65 »	»		»	—

N:o in
Seite Fig. 8.

Bei Maida, Winterküste	ca. 0,25 m ü. d. M.	94	—
» Koida. » »	» 0 » »	» 48.
Auf der Insel Morschovets	» 0 » »	» 47.

Beim See Onega (Siehe Anhang).

Petrosavodsk	ca. 130 m ü. d. M.
Schustrutschei, Wosnesenje	» 74 » »
Kudama, Wytegorsk	» 62 » »
Isclga (Inostranzeff) zum mindensten	157 » »

Auf Grund dieser Beträge der spätglacialen Landsenkung auf der Halbinsel Kola und östlich vom Weissen Meere sind auf der beigefügten Karte (Fig. 8) die Isobasen für je 25 m aufgezeichnet, und die ungefähre Ausdehnung des Meeres angedeutet worden. Ausserdem habe ich mit durchbrochenen Linien den Verlauf eingezeichnet, den die Isobasen haben würden, wenn die marinen Grenzen zwischen Teriberka und Warsinsk spätglacial, nicht interglacial wären. Im Inneren der Halbinsel habe ich die beim Imandra gefundenen Höhen der obersten Strandlinien unberücksichtigt gelassen unter der Voraussetzung, dass sie nicht marinen Ursprunges sind, sondern anderen Ursachen ihr Dasein verdanken. (S. 120).

Auf der folgenden Karte (Fig. 9) habe ich versucht zum ersten Mal eine Übersicht des spätglacialen Isobasensystemes in Nordeuropa zu geben. Ich meine nämlich, dass man schon auf Grund Hackmans [1]) und meiner Untersuchungen die Isobasen nach Osten hin abschliessen darf und annähernd aufzeichnen kann.

Diese Karten geben nun folgendes Bild der Landsenkung. Erstens sieht man, dass Fennoskandia und angrenzende Länder ein selbständiges Senkungsgebiet gebildet haben. Die Isobase für 0 m, welche dasselbe begrenzt, umschliesst annähernd dieselben Gegenden, die von der letzten grossen Vereisung bedeckt wurden, wie De Geer [2]) schon längst als wahrscheinlich be-

---

[1]) Fennia *14;* n:o 1 und n:o 5.

[2]) G. F. F. *12.* 61 und Skandinaviens geografiska utveckling.

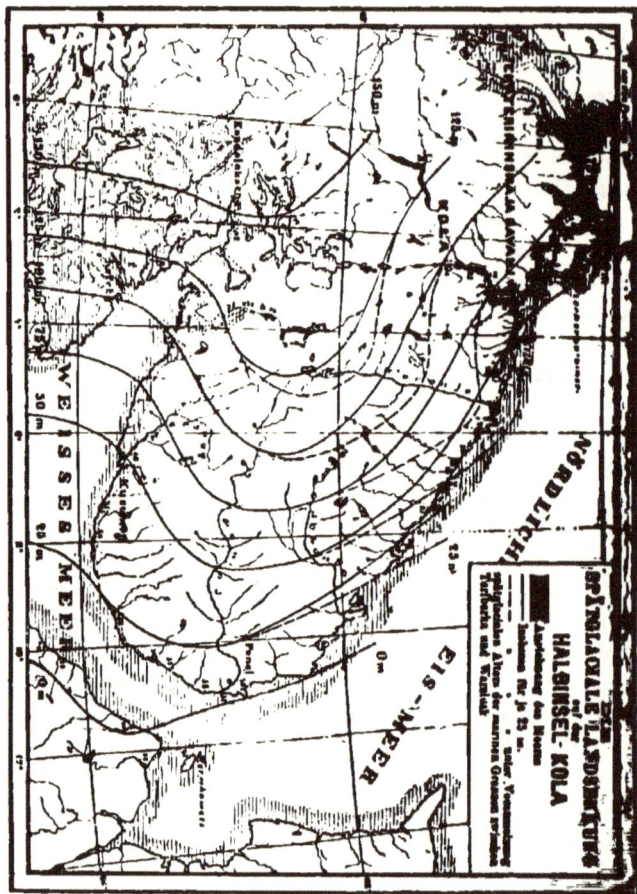

Fig. 8.

zeichnet hat. Zweitens finden wir von dieser Grenze an eine stetige Zunahme der Beträge der früheren Landsenkung nach den centralen Theilen hin in Übereinstimmung mit dem Bravais-De Geer'schen Gesetze.

Fig. 9.

Ferner zeigen sich die Isobasen in ihrem Verlauf — wie es auch De Geer schon in seinem ersten Aufsatze über die quartären Niveauveränderungen Skandinaviens betont — von der Form Fennoskandias auffallend abhängig d. h. sie laufen konform der Umgrenzung des Grund- und Faltengebirgsgebietes. Wir sehen auch am Weissen Meere ähnliche Einbuchtungen der Isobasen, wie wir sie bisher beim Skagerrak und Kattegat, Wenern und bei der der Ostsee kennen, und sie bezeugen, dass die grossen See-

und Meeresbecken sich nicht so viel gehoben haben wie die umgebenden Festländer.

Auf der Karte (Fig. 8) habe ich die Ausdehnung des Meeres auf der Halbinsel Kola und den angrenzenden Ländern in der
spätglacialen Zeit anzudeuten versucht. Im Osten war nur ein
äusserst schmaler Rand der gegenwärtigen Küste überfluthet.
Nach Westen hin wird aber das frühere Bezirk des Meeres bedeutender. Die Fjorde der Murmanküste waren länger und tiefer als jetzt. Der See Enare muss schon mit dem Eismeer zusammengehangen haben.

In Russich Karelien hat das Meer sich bis zur Grenze von
Finnland und über dieselbe hinaus erstreckt, was durch den Fund
von *Mytilus edulis* und *Tellina baltica* in Kuolajärvi u. a. be-
zeugt wird.

Marine Ablagerungen sind, mit Ausnahme der Deltabildungen, von dieser Zeit auf der Halbinsel Kola nicht bekannt. In
Russisch Karelien sind sie aber schon häufig. Ebenso bin ich
geneigt den marinen Thon auf der Pomorschen Küste und der
Onegahalbinsel für spätglacial zu halten.

Ausser den erwähnten Mollusken von Kuolajärvi sind mir
keine subfossilen Überreste der spätglacialen Meeresfauna in dem von
mir untersuchten Gebiete bekannt. Im Weissen Meere noch le-
bende Relikten aus dieser Zeit sind dagegen die durch Knipovitsch's [1]) Untersuchungen von dieser Gegend bekannt gewor-
denen Arten *Yoldia arctica*, *Bela novaja-zemljensis* und *Cylichna
densistriata*.

Die postglaciale Landsenkung.

Es darf wohl vorausgesetzt werden, dass auch die Halbinsel
Kola und die Umgebungen des Weissen Meeres nach der spätglacialen Landsenkung einer bedeutenden Landhebung und hier-
auf einer postglacialen Landsenkung ausgesetzt waren. Direkte

---

[1]) Annuaire du musée zool. de l'acad. St.-Pétersbourg. 1896. 278.

Beweise dafür, wie Strandlinien oder alte Flussbetten unter dem Meeresniveau, unterseeische Torfmoore, oder Torfmoore überlagert von Uferbildungen, habe ich indessen nicht vorfinden können. Dagegen habe ich an den Ufern des Weissen Meeres sowie an der Murmanküste eine untere Strandlinie mit sehr kräftig entwickelten Terrassen und Wällen angetroffen. Sie ist auf lange Strecken hin ununterbrochen verfolgbar, z. B. auf der Fischerhalbinsel, der Insel Kildin und der Terschen Küste zwischen Pulonga und Turja, d. h. fast an allen Küsten, die nicht aus Grundgebirge bestehen, während die Strandlinien unmittelbar über ihr schon mehrfach durch die Erosion verwischt worden sind. Dass sie die Grenze einer neuen Landsenkung bezeichnet, dafür sprechen folgende an ihr auftretende, wenn auch nicht vollkommen beweisende Erscheinungen.

Bei der Bildung der breiten Abrasionsterrassen an dieser Strandlinie sind häufig alle älteren Uferbildungen untergraben und gänzlich zerstört worden, z. B. an der Ostseite von Kildin und der Sekirnaja Gora.

Scharen von hinter einander gelagerten Accumulationswällen aus Ufergerölle erstrecken sich bis an sie heran, um dann in einem in der Regel gewaltigen Grenzwall zu enden. Hinter demselben treten allgemein alte Lagunen oder Versumpfungen auf, und sehr häufig ist die Erscheinung, dass alte Erosionsthäler von Bächen und anderen Gewässern durch diese Grenzwälle abgesperrt worden sind z. B. an mehreren Stellen auf der Fischerhalbinsel und an der Terschen Küste.

Erosionsrinnen, welche höher gelegene Terrassen in losen Bildungen durchfurchen, hören bei der fraglichen Strandlinie auf, z. B. bei Ansersk und mehreren Orten auf der Terschen Küste.

Diese Strandlinie, welche ich für die Grenze der postglacialen Landsenkung halte, scheint auch in den der Halbinsel Kola nahe liegenden Theilen von Norwegen sehr deutlich entwickelt zu sein. Denn aus Reusch's [1]) und Strahan's [2]) Schilderungen ersieht man leicht, dass dieselbe Strandlinie gemeint ist.

[1]) l. c.
[2]) Q. J. G. S. 53. 147.

Nach Reusch zieht sich die Landstrasse zwischen Nyborg und Wadsö auf der Südseite der Warangerhalbinsel in der Höhe von 22 bis 24 m ü. d. M. auf einer sehr breiten Terrasse dem s. g. »Fjeldfot» (Gebirgsfuss) hin. An derselben liegt nach Strahan beim Thomaselv, unfern Wadsö, »a conspicuous shinglebank» in der Höhe von 92′ = 27 m ü. d. M. Hinter derselben dehnen sich versumpfte aufgedämmte Lagunen aus.

Bei Kiberg hat man nach Reusch besonders gut ausgebildete Accumulationswälle von Ufergeröllen in der Höhe zwischen 19 m und 26 m ü. d. M.

Bei Wardö liegt diese Strandlinie nach dem von Pettersen [1] mitgetheilten Nivellement 19,7 m ü. d. M. Sie ist sehr deutlich ausgebildet, wie ich bei meinem Besuch konstatieren konnte. Bis an sie herauf und besonders reichlich in ihrem Niveau kommen, wie Pettersen beschreibt, sehr schön ausgebildete ellipsoidische Strandklappersteine vor. Etwas unterhalb dieser Grenzlinie werden Bimsteine gefunden, ganz wie auf den für postglacial gehaltenen Terrassen an der Murmanküste.

Man würde dann folgende Beträge der postglacialen Landsenkung in dem nordöstlichen Theil von Fennoskandia kennen:

							S.
bei Wadsö, Warangerhalbinsel	. . .	ca. 27	m ü. d. M.	136
» Kiberg,	»	. . .	20—25	»	»	»
» Wardö,	»	. . .	ca. 20	»	»	»
» Waida-Guba, Fischerhalbinsel	. .	» 22	»	»	64
» Tschervano,	»	. . .	» 23	»	»	»
» Tsip-Navolok,	»	. . .	» 21	»	»	»
Am inneren Ende des Bumangfjords,						
Fischerhalbinsel	. . . .	25,5	»	»	»
bei Matinvuonno, Fischerhalbinsel		» 32	»	»	»
» Malaja Gorjäla, Kolafjord	. . . .	» 32	»	»	53
» Srednij,	»	. . . .	» 28	»	»	56
Auf Kildin,		. . . .	» 21	»	»	67

---

[1] G. F. F. 2. 134.

					S.
bei Teriberka, Murmanküste	. . . . ca. 19	m ü. d. M.	68
» Gavrilovo,	»	. . . » 17	»	»	69
: Portschnicha,	»	. . . » 14	»	»	70
» Kekora,	»	. . . » 15	»	»	»
» Rynda,	»	. . . » 15	»	»	72
Charlofka,	»	. . » 13	»	»	76
Warsinsk,	»	. . . » 11	»	»	78
» Jokonsk,	»	. . » 6	»	»	81
» Ponoj,	Tersche Küste	» 0	»	»	»
» Krasnaja Scholka,	»	»	» 3	»	»	82
» Sosnofka,	»	»	» 7	»	»	»
» Pjalitsa,	»	»	» 10	»	»	83
» Gurja,	»	»	» 13,5	»	»	84
Tschavanga,	»	»	» 15,5	»	»	»
Kusomen,	»	»	» 19	»	»	»
Karabli,	»	»	» 18,3	»	»	85
: Kaschkarentsy,	»	»	» 20,9	»	»	»
Salnitsa,	»	»	» 25,9	»	»	»
» Turja,	»	»	» 34	»	»	»
Am Berge Sekirnaja Gora, Solovetsk		» 23	»	»	87
Auf der Insel Ansersk,	»	» 22,5	»	»	88

Auf der Onegahalbinsel und an der Winterküste habe ich keine genaueren Bestimmungen der unteren Terrassen ausgeführt.

Die oben angegebenen Grenzen der postglacialen Landsenkung gestatten das Aufzeichnen von Isobasen, die im grossen Ganzen einen mit den spätglacialen ziemlich konformen Verlauf haben.

Die Schalenbänke, die an der Murmanküste und am Weissen Meere (Knjäscha) gefunden worden sind, liegen auf Terrassen unterhalb der Grenzen der postglacialen Landsenkung. Ihr Inhalt (S. 95 und 99) weisst hauptsächlich dieselben Formen auf, die auch fortgesetzt in den angrenzenden Litoralzonen lebend angetroffen werden. Indessen befinden sich unter den gefundenen Arten auch einige, die gegenwärtig an der Murmanküste schon ausgestorben sind, wie es Faussek [1]) und Knipovitsch [2]) hervorgehoben haben, nämlich z. B. *Venus gallina, Trochus tumidus, Trochus cinerarius* und *Utriculus truncatulus.* Wie weit dieser Umstand im Zusammenhang mit dem einst herrschenden günstigeren Klima zur Zeit der postglacialen Landsenkung steht, welches wir in den übrigen Theilen von Fennoskandia kennen, kann ich nicht beurtheilen. Dass dieses wärmere Klima sich auch hier fühlbar gemacht hat, scheint mir unter anderem aus den von Knipovitsch (l. c.) vermutheten Gründen für das Aussterben der *Yoldia arctica* im kalten Gebiet der europäischen Polarmeere hervorzugehen, wo die hydrographischen Verhältnisse ihr Gedeihen gegenwärtig doch gestatten würden.

›Vielleicht können wir diese Thatsache dadurch erklären, dass während der postglacialen Steigerung der Temperatur diese Theile des Oceans viel wärmer als jetzt und darum für solche Thiere wie *Yoldia arctica* ungünstig waren, und dass es seitdem denselben nicht (vielleicht **noch** nicht) gelungen ist, die ›Cold Area› des europäischen Nordpolarmeeres wieder zu bevölkern› (Knipovitsch, Ann. du musée zool. de l'acad. S:t-Pétersbourg. 1896. S. 315).

Man hat sich mehrere Mal die Frage vorgelegt, ob die Hebung von Fennoskandia, welche nach dem · Maximum der postglacialen Landsenkung stattgefunden hat, an der Murmanküste und den Umgebungen des Weissen Meeres sich noch in historischer Zeit bemerkbar gemacht hat. Die Traditionen über dieselbe unter der Bevölkerung scheinen ziemlich unsicher zu sein, und auch von Seiten der Wissenschaftsleute ist bis jetzt wenig für die Entscheidung der Frage gethan, weder durch Veranstaltung regelmässig fortgehender Beobachtungen des Wasserstandes am Meere, noch durch Einhauen sicher nivellierter, sich unverwischt beibehaltender Wasserstandzeichen in die Uferfelsen.

---

[1]) l. c. S. 12.
[2]) Bull. de l'acad. S:t Petersburg. 5:te Serie. B. III. N:o 5. S. 460. Note 3.

Inostranzeff[1]) hat in dem schon im 15:ten Jahrhundert be-
ginnenden Archive des Klosters auf Solovetsk Beweise für eine
nicht unbeträchtliche Landhebung in den letzten Jahrhunderten
gefunden zu haben geglaubt. Noch im 16:ten Jahrhundert soll
man mit ziemlich grossen Fahrzeugen bei den Solovetskie-Inseln in Meeresengen und Buchten gefahren sein, die jetzt sehr
seicht sind.

Für künftige Untersuchungen liess Inostranzeff an drei angegebenen Stellen den Hochwasserstand am 23 Juli 1870 bezeichnen. Die gemachten Zeichen sind indessen nicht mehr zu entdecken, wahrscheinlich weil sie durch spätere Bauarbeiten zerstört
worden sind. Dagegen kann man erwarten, dass der in die Kloster-
mauer, östlich vom Hauptthor, eingehauene, horizontale Strich,
welcher durch folgende Inskription bezeichnet ist

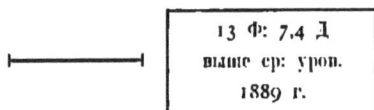

⊢————————⊣	13 Ф: 7,4 Д вышле ср: урои. 1889 г.

(d. h. 13 Fuss 7,4 Zoll ü. d. mittleren Wasserstand)

lang genug für künftige Messungen unverwischt erhalten bleiben
wird. Er befand sich am 7 Aug. 1897 11^h 20' a. m. Archangel-
scher Zeit 3,75 m über dem Hochwasserrand.

Faussek, welcher die Frage über die negative Verschiebung
der Uferlinie in historischer Zeit ausführlich bespricht, ist der Ansicht, dass weder an der Murmanküste noch an den Ufern des
Weissen Meeres sichere Beweise dafür gebracht worden sind. Wenn
eine solche stattgefunden hat, kann sie gewiss nicht gross gewesen sein, denn einige der ältesten Gebäude, z. Th. vom An-
fange des vorigen Jahrhundertes, befinden sich in mehreren Dörfern an den betreffenden Küsten nur in geringen Höhen, 2—4 m
ü. d. M. — Was das Seichterwerden der Buchten und Meeres-

---

*) Тр. С. Иб. Общ. Естеств, 3. 252.

engen an den Solovetskie-Inseln betrifft, kann es nach Faussek
in einigen Fällen mit der Ausfüllung durch Schwemmprodukte ein-
mündender Bäche oder auch mit der Abrasion der aus losem Material bestehenden Ufer zusammenhängen.

Was meine Beobachtungen über diesen Gegenstand betrifft,
will ich nur auf die ausserordentlich breiten Abrasionsterrassen hinweisen, die sich an der gegenwärtigen Uferlinie im festen Gestein
mehrerorts auf der Fischerhalbinsel (Taf. III, Fig. 1) gebildet haben.
Sie sprechen für eine sehr langandauernde Ruhepause in den Ufer-
bewegungen.

Übersicht der Resultate.

Die oben mitgetheilten Untersuchungen über die geologische
Entwicklung der Halbinsel Kola in der Quartärzeit haben mich
zu folgenden Antworten der in der Einleitung aufgestellten Fragen
geführt:

1) Man kann auf der Halbinsel Kola und in den Umgebungen des Weissen Meeres wenigstens zwei grosse Vereisungen unterscheiden. Die erstere hatte die bekannte allergrösste Ausdehnung nach Osten und Südosten in Russland und bedeckte auch
die Fischerhalbinsel und die Insel Kildin. Die letztere entspricht
der letzten grossen Vereisung in Skandinavien und im südbaltischen Gebiete und hat sich wahrscheinlich noch über das »Klein-
seemoränengebiet« in Russland erstreckt, aber im Norden nicht
die Fischerhalbinsel, Kildin und die Murmanküste überschritten.
Der Salpausselkä und seine Fortsetzung bezeichnen Rücksugsstadien
am Schlusse dieser Vereisung.

Ausserdem hat man die schon früher besprochene lokale Vergletscherung der Hochgebirge im Inneren der Halbinsel Kola.

2) Die s. g. »boreale marine Transgression« in Nordrussland
war interglacial, jünger als die aller grösste Vereisung und älter
als die letzte grosse Eiszeit.

3) Unter den gehobenen alten Uferbildungen an der Murmanküste und am Weissen Meere kommen ausgeprägte Strandlinien vor, die den Grenzen der spät- und postglacialen Landsenkungen in den übrigen Theilen von Fennoskandia entsprechen. Ihre Höhen an verschiedenen Orten stehen im guten Einklang mit dem Bravais-De Geer'schen Gesetze der ungleichmässigen Landhebung, und die auf Grund der Messungen gezeichneten Isobasen dieser Landsenkungen, geben ein Bild der Erscheinungen, wie es im grossen Ganzen den von De Geer schon vorausgesetzten Verhältnissen entspricht.

4) Ausserdem findet man auf der Fischerhalbinsel, Kildin und der Murmanküste noch höher gelegene Strandlinien der interglacialen Landsenkung, während welcher die marine boreale Transgression sich vollzog.

Schliesslich geht es aus den Funden von Resten der Meeresfauna der verschiedenen quartären Epochen hervor, dass in Nordrussland während der interglacialen Epoche das Klima ebenso günstig, wahrscheinlich sogar wärmer als gegenwärtig war, und dass wohl auch nach der letzten grossen Vereisung einmal ein wärmeres Klima als heutzutage herrschte.

Anhang.

Beobachtungen über Strandlinien in der Umgebung des Sees Onega.

Obgleich die Gegenden am Onega-See ausserhalb des Gebietes meiner Untersuchungen liegen, wollte ich doch bei meiner Hin- und Rückfahrt durch diese Gegenden die Gelegenheit benutzen einige Bestimmungen auszuführen, um meine Beobachtungen am Weissen Meere mit den Ergebnissen der Arbeiten im baltischen Gebiete verknüpfen zu können.

Wir wissen schon durch die Mittheilungen von v. Helmersen [1]) und noch genauer durch die Beobachtungen von Inostranzeff [2]), dass Terrassen und Strandwälle häufig in der Umgebung des Onega-Sees auftreten. Besonders deutlich scheinen sie im Povjenetschen Kreise zu sein. Inostranzeff führt von dort gut ausgebildete Terrassen an, deren absolute Höhen zwischen 80 m und 95 m ü. d. M. variieren, jo sogar eine Terrasse bei Iselga (SE von Povjenets) 166 m ü. d. M. (Inostranzeff hat dabei die Höhe des Onega-Sees zu ca. 43 m ü. d. M. angenommen, nach neueren Messung soll sie 34 m sein; die Terrasse bei Iselga läge dann ca. 157 m ü. d. M.) Angaben über die Höhen der marinen Grenzen fehlten indessen, und um diesen Mangel vorläufig zu beseitigen, machte ich folgende Bestimmungen.

Petrosavodsk. Im August 1897 hatte ich die Gelegenheit einige Beobachtungen über Strandlinien bei der Stadt Petrosavodsk in Gesellschaft mit Herrn D:r L. Sverinzeff zu machen. Die Stadt liegt zum grössten Theil auf einem vom Flüsslein Lo-

---

[1]) Mém. de l'acad. S:t Pétersbourg. *14* n:o 7.

[2]) Геологическій очеркъ Повѣнецкаго уѣзда Олонецкой губерніи S. 657.

sosinka durchschnittenen Deltaplateau, welches die mittlere Höhe
von ca. 22 m ü. d. Onega, 56 m ü. d. M. hat. Hinter der Kirche
»Savodskij Sobor» liegt ein deutliches durch grosse Blöcke bezeichnetes Ufer bei ca. 64 m ü. d. M. (30 m ü. d. O.).

Auf der ausgedehnten Anhöhe Kukova Gora südlich der
Stadt sahen wir mehrere kleine Terrassen und Blockufer bis
zum Niveau der Kapelle an der Landstrasse nach Wytegra. Südlich von derselben erstreckt sich ein sehr deutlich entwickeltes
altes Ufer durch den Wald, z. Theil in der Form eines Blockufers,
zum grössten Theil aber durch aus der Moräne freigewaschene
Quartzitsandsteinfelsen bezeichnet. Da oberhalb dieser Strandlinie
(105 m ü. d. M.) Äcker sich vorfanden, war ich geneigt die marine
Grenze hier zu sehen. Bei einem erneuten Besuch in diesem
Jahre schien dies mir doch nicht ganz unzweifelhaft. Ich wan-
derte deshalb nach der Moränenhöhe Kurgan, cä. 140—150 m hoch,
NW von der Stadt. Hier begegnete ich auch einer sehr gut
entwickelten, unzweideutigen marinen Grenze etwas unterhalb des
Gipfels ca. 130 m ü. d. M. (a) bei einer mit freiliegenden
Blöcken bedeckten Terrasse. Oberhalb derselben ist die Moräne
mehlig und von Wellen nicht ausgewaschen. Unterhalb der
marinen Grenze liegen zahlreiche freigespülte Blöcke über den
Boden hingestreut.

Wosnesenje. ca. 1 km nördlich vom Flusse Swir bei Wosnesenje zieht sich die Landstrasse nach Petrosavodsk über einen ca.
45 hohen (78 m ü. d. M.), von Moräne verhüllten Berg von Diorit hin.
An dessen Südostseite gleich am oberen Rand ist eine horizontale Reihe von Uferfelsen mit abgerundeten Ecken entblösst.
Dass Meer hat wenigstens die Höhe von 77 m. ü. d. M. erreicht.

Südlich von Wosnesenje breitet sich am Ufer des Onega-
Sees ein weites flaches Tiefland aus, das sich amphitheatralisch
3- 4 km bis zum Fusse des mit Geschiebelehm bekleideten Glintes erhebt. Dieser ist von zahlreichen Erosionsrinnen durchfurcht
und zeigt keine Spuren von Einwirkung des Meeres. Mir scheint
die marine Grenze ungefähr an der von Ferne gesehen im grossen
Ganzen horizontalen Linie zu suchen zu sein, wo das Tiefland an

die Höhen angrenzt. Sie liegt bei der Kirche im Dorfe Schust-
rutschei ca. 40 m ü. d. Onega (ca. 74 m. ü. d. M.).

Wytegra. Die Stadt Wytegra liegt auf Thon- nnd Sand-
plateauen; auf dem höchsten unter ihnen, ca. 16 m über dem
Kanal, ca. 51 m ü. d. M., steht die Kathedrale. Südlich und westlich von der Stadt erheben sich bedeutende moränenbekleidete Anhöhen. Die marine Grenze suchten wir im Dörflein Kudama in der
Nähe von Wytegorsk am Fusse eines grossen Höhenrückens westlich vom Flusse. Der obere Theil des Dorfes liegt auf einem
Absatze des Abhanges, der von mehreren, ungefähr in derselben Höhe am Rande des Wytegrathales einmündenden Erosion-
rinnen und kurzen Thälern durchquert ist. Unter ihnen hat der
Bach Kudama an seiner Mündung früher ein Delta (nicht einen
Gruskegel) abgelagert, auf welchem der untere Theil des Dorfes
liegt. Da der obere Absatz aus Geschiebelehm ohne Spuren von
Meereseinwirkung besteht, scheint mir die marine Grenze gerade
am erwähnten Delta zu suchen zu sein. Es erhebt sich nach einer nicht ganz sicheren Bestimmung mit dem Aneroid ca. 25—30
m über dem Onega, ca. 59—64 m ü. d. M. Gleich nördlich von
diesem Delta ist ein Profil in grobem geschichteten Sand, Grand
und Gerölle aufgedeckt. Die nach Osten stark abfallenden Schichten erinnern an die der »Åsar« oder anderer fluvioglacialer Bildungen.

Maselga. Das Dorf Morskaja Maselga am Ufer des Sees
Matkosero liegt auf der Nordseite eines Moränenrückens auf der
Wasserscheide zwischen dem Onega-See und dem Weissen Meere.
Die Höhe des Rückens an der Landstrasse ist nach meinen baro-
metrischen Bestimmungen 173 m ü. d. M., die des Sees 106 m.

Das Dorf liegt auf einer breiten horizontalen, mit grossen
Blöcken bestreuten, ca. 15 m über dem See hohen Terrasse.
Die Landstrasse nach Telekinskaja folgt derselben eine lange
Strecke. Darüber erhebt sich eine zweite nach aussen geneigte
Terrasse, deren Innerrand ca. 37 m ü. d. See Matkosero liegt.
Etwas höher fangen die Äcker des Dorfes an, die den gan-
zen oberen Theil des Rückens einnehmen. Hier ist die ursprüng-

liche Beschaffenheit der Oberflächenschichten durch die Arbeit der Menschen so verändert worden, dass ich nicht entscheiden konnte, ob das Meer einst auch hier seine Einwirkung ausgeübt hat oder nicht.

Ca. 200—250 m E von der Kapelle an der Landstrasse senkt sich der Rücken bis zu ca. 160 m ü. d. M. Hier ist der Boden mit dicht an einander liegenden freien, grossen Blöcken bedeckt. Ich bin geneigt hier Spuren der Meereseinwirkung zu sehen. Sie können ja aber auch von den Wirkungen der Gletscherwässer herrühren, da wohl der Rücken einst als eine Endmoräne gebildet wurde.

Die angegebene Höhe von 173 m giebt nicht den niedrigsten Passpunkt zwischen dem Onega-See und dem Weissen Meere an, sondern die Landstrasse geht im Gegentheil über die höchste Stelle des Rückens. Dieser wird sowohl nach W als nach E hin niedriger und soll einige Kilometer W vom Dorfe nicht viel höher als die Moräste sein, die sich zwischen den Seen ausdehnen, von denen ein Theil ihr Wasser nach dem See Onega, ein anderer nach dem Weissen Meere abgiebt. Der Passpunkt zwischen ihnen ist niedriger als die zweite Terrasse bei Maselga (und als die Terrasse bei Iselga 157 m).

Verzeichniss der in vorliegender Arbeit citierten Literatur.

W. Amalitsky, Геологическая экскурсія на Сѣверъ Россіи. Протоколы Варшавскаго Общества Естествоиспытателей. N:o
3. Годъ VII Warschau 1896.

H. Bäckström, Über angeschwemmte Bimsteine und Schlacken der
nordeuropäischen Küsten. Bihang till k. svenska vetenskapsakademiens handlingar. Band 16. Afd. II. N:o 5. Stockholm
1890.

N. Barbot de Marny, Геогностическое Путешествіе въ сѣверніа
губерніи Россіи. Verhandlungen der k. Russischen Mineralogischen Gesellschaft zu S:t Petersburg. 2 Serie. 3. 204. S:t
Petersburg 1868.

H. Berghell, Bidrag till kännedom om södra Finlands kvartära nivåförändringar. Fennia 13, n:o 2. Helsingfors 1896.

W. Böhtlingk, Bericht über eine Reise durch Finnland und Lappland.
Erste Hälfte: S:t Petersburg—Kola. Bulletin scientifique publié par l'académie impériale des sciences de S:t-Pétersbourg 7.
107. Zweite Hälfte: Reise längs den Küsten des Eismeeres.
Ibid. 7. 191. S:t Petersburg 1840.

— Einige Verhältnisse bei dem Erscheinen der Diluvialschrammen,
welche der Gletscher-Theorie des Herrn Agassiz zu widersprechen scheinen. Ibid. 8. 162. S:t Petersburg 1841.

Carte géologique de la Russie d'Europe, éditée par le Comité géologique. S:t Petersburg 1892.

G. De Geer, Om den skandinaviska landisens andra utbredning. Geologiska Föreningens i Stockholm Förhandlingar. 7. 436. Stockholm 1884.

— Om isdelarens läge under Skandinaviens begge nedisningar.
Ibid. 10. 195. 1888.

— Om Skandinaviens nivåförändringar under kvartärperioden. Ibid.
    10. 366 und *11*. 61. 1888—1890.

— Om kvartära nivåförändringar vid Finska viken. Ibid. *16*. 632.
    1894.

— Skandinaviens geografiska utveckling efter istiden. Stockholm
    1896.

V. Faussek, Матеріалы къ вопросу объ отрицательномъ движеніи
    берега въ Бѣломъ морѣ и на Мурманскомъ берегу. За-
    писки Имп. Русскаго Географическаго Общества. *25*. 1. S:t
    Petersburg 1890.

H. W. Feilden, Notes on the Glacial Geology of Arctic Europe and
    its Islands. Part II. With Appendix by Bonney. Quarterly
    Journal of Geological Society *52*. 721. London 1896.

J. Geikie, Classification of European Glacial Deposits. The Journal of
    Geology. *3*. 241. Chicago 1895.

— The Last Great Baltic Glacier. Ibid. *5*. 325. 1897.

C. J. Grewingk, Über eine im Sommer 1848 unternommene Reise
    nach der Halbinsel Kanin am nördlichen Eismeere. Bulletin
    physico-mathématique de l'académie impériale des sciences de
    S:t-Pétersbourg. *8*. 44. S:t Petersburg 1850.

— Путешествіе на полуостровъ Канинъ. Съ приложеніемъ
    статей О. Н. Чернышева, А. П. Карпинскаго и С. Н. Никн-
    тина. Записки Имп. Академіи Наукъ. *47*. Приложеніе N:o
    11. S:t Petersburg 1892.

V. Hackman, Nya iakttagelser angående Yoldiahafvets utbredning i
    Finland. Fennia *14*, n:o 1.

— Om några i norra Finland iakttagna senglaciala strandmärken.
    ibid. *14*, n:o 5. Helsingfors 1898.

G. v. Helmersen, Studien über die Wanderblöcke und die Diluvialge-
    bilde Russlands. Mémoires de l'académie imp. des sciences de
    S:t-Pétersbourg. *14*. N:o 7. Mit einem Anhang: Beobachtungen
    von W. Böhtlingk auf einer Reise von Petersburg über
    Finnland und Lappmarken 1839. S:t Petersburg 1869.

S. Herzenstein, Матеріалы къ фаунѣ Мурманскаго берега и Бѣ-
    лаго Моря. Труды С. Петербургскаго Общества Естест-
    воиспытателей. *16*. 635. S:t Petersburg 1885.

A. A. Inostranzeff, Геологическій обзоръ мѣстности между Бѣлымъ
    Моремъ и Онежскимъ озеромъ. Труды С. Петербургскаго
    Общества Естествоиспытателей *2*. 1. S:t Petersburg 1871.

— Геологическія изслѣдованія на сѣверъ Россіи. Ibid. *3*. 165.
    1872.

—   Геологическій очеркъ Повѣнецкаго уѣзда Олонецкой гу-
      берніи   S:t Petersburg 1877.

A. M. Jernström, Material till Finska Lappmarkens Geologi. I. Enare
      och Utsjoki lappmarker.   Bidrag till kännedomen af Finlands
      natur och folk, utgifna af Finska Vetenskapssocieteten. *21.* Hel-
      singfors 1874.

K. Keilhack, Professor Geikies Classification of the North European
      Glacial Deposits. The Journal of Geology. *5.* 133.   Chicago
      1897.

A. von Keyserling, und P. von Krusenstern, Wissenschaftliche Beob-
      achtungen auf einer Reise in das Petschoraland 1843. S:t
      Petersburg 1846.

N. Knipovitsch, Über den Reliktensee Mogilnoje auf der Insel Kil-
      din an der Murman-Küste.   Bulletin de l'académie impériale des
      sciences de S:t-Pétersbourg. 5:te Serie. *3.* N:o 5. S:t Peters-
      burg 1895.

—   Eine zoologische Excursion im nordwestlichen Theile des Weis-
      sen Meeres im Sommer 1895. Annuaire du musée zoologique
      de l'académie imp. des sciences de S:t-Pétersbourg. Année
      1896. 278. S:t Petersburg 1896.

N. Krischtafowitsch, Posttertiäre Ablagerungen. Annuaire géologique
      et minéralogique de la Russie. Vol. II. Revue de la literature.
      1. Warschau 1897.

N. Kudrjavzeff, Кольскій полуостровъ.   Труды С. Петербургскаго
      Общества Естествоиспытателей. *12.* 233. S:t Petersburg 1882.

—   Орографическій характеръ Кольскаго полуострова. Ibid. *14.*
      13. S:t Petersburg 1885.

N. Lebedeff, Предварительный отчетъ о геологическихъ изслѣдо-
      ваніяхъ по рѣкѣ Вагѣ. Матеріалы для геологіи Россіи
      16. 1. S:t Petersburg 1893.

von Maydel, Отчетъ по работамъ въ экспедиціи къ мурман-
      скомъ берегу. Записки Имп. Русскаго Географическаго Об-
      щества. *4.* 467. S:t Petersburg 1871.

M. P. Melnikoff, Матеріалы по геологіи Кольскаго полуострова.
      Verhandlungen der k. russischen Mineralogischen Gesellschaft.
      2. Serie. *30.* 105. S:t Petersburg 1893.

A. Th. von Middendorff, Anikiev, eine Insel im Eismeere. Bulletin
      de l'academie imp. des sciences de S:t-Pétersbourg. S:t Pe-
      tersburg 1860.

M. Miclucha-Maklay, Предварительное сообщеніе объ изслѣдова-
      ніяхъ въ Кемскомъ уѣздѣ Архангельской губерніи. Verhand-

lungen der k. russischen Mineralogischen Gesellschaft *16*. 431.
S:t Petersburg 1890.

— О ледниковомъ наносѣ въ Кемскомъ п Олонецкомъ уѣздахъ.
Ibid. *29*. 189. 1892.

H. Mohn, Bidrag til Kundskaben om gamle strandlinier i Norge. Nyt
Magazin for Naturvidenskaberne. *22*. 1. Kristiania 1877.

H. Munthe, Studier öfver baltiska hafvets kvartära historia. I. Bihang
till k. svenska vetenskapsakademiens handlingar. Band *18*. Afd.
II. N:o 1. Stockholm ' 1892.

— Preliminary Report on the Physical Geography of the Litorina-
See. Bulletin of the Geological Institution of the University
of Upsala. *2*. 1. Upsala 1894.

Studien über ältere Quartärablagerungen im südbaltischen Gebiete. Ibid. *3*. 27. 1896.

R. I. Murchison, E. de Verneuil and A. von Keyserling, The
Geology of Russia in Europe and the Ural Mountains. London
1845.

S. Nikitin, Die Grenzen der Gletscherspuren in Russland und dem
Uralgebirge. Petermann's Geographische Mitteilungen *32*. 257.
Gotha 1886.

— Sur la constitution des dépots quaternaires en Russie et leurs
relations aux trouvailles résultant de l'homme préhistorique.
Congrès international d'archéologie préhistorique et d'anthropologie. 11:ème session. *1*. 1. Moskau 1892.

N. Nordenskiöld, Beitrag zur Kenntniss der Schrammen in Finnland.
Acta Societatis Scientiarum Fennicae. 7. 505. Helsingfors 1860.

K. Pettersen, Arctis. — Et bidrag til belysning af fordelningen mellem
hav og land i den europaeiske glacialtid. Geologiska Föreningens i Stockholm Förhandlingar. *2*. 134. Stockholm 1874.

— Terrasser og gamle strandlinjer. Tromsö Museums Aarshefter.
3. 1. Tromsö 1880.

— Det nordlige Norge under glacialtiden og dennes avslutning.
Ibid. *5*. 64 und *7*. 1. 1882 und 1884.

— Kvartaertidens udvikling efter det nordlige Norge. Ibid. *9*. 67.
1886.

Ch. Rabot, Explorations dans la Laponie Russe (1884—1885). Bulletin de la société géographique. *10*. 457. Paris 1889.

W. Ramsay, Geologische Beobachtungen auf der Halbinsel Kola. Fennia *3*, n:o 7. Helsingfors 1890.

— Kurzer Bericht über eine Expedition nach der Tundra Umptek
auf der Halbinsel Kola. Ibid. *5*; n:o 7. 1891.

— Till frågan om det senglaciala hafvets utbredning i södra Finland. Ibid. *12*, n:o 5. 1896.

— Das Nephelinsyenitgebiet auf der Halbinsel Kola II. Ibid. *15*,
   n:o 2. 1898.

— Neue Beiträge zur Geologie der Halbinsel Kola. Ibid. *15*, n:o
   4. 1898.

W. Ramsay und V. Hackman, Das Nephelinsyenitgebiet auf der
   Halbinsel Kola. I. Ibid. *11*, n:o 2. 1894.

M. Reineke, Гидрографическое описаніе сѣвернаго берега Россіп.
   II. Лапландскій берегъ. 2:te Auflage S:t Petersburg 1878.

H. Reusch, Det nordlige Norges geologi. Kristiania 1892.

E. J. Rosberg, Ytbildningar i ryska och finska Karelen med särskild
   hänsyn till de karelska randmoränerna. Fennia 7, n:o 2. Helsingfors 1892.

— Ytbildningar i Karelen med särskild hänsyn till ändmoränerna.
   II. Fennia *14*, n:o 7 1898.

C. P. Solitander, Berättelse öfver en i geologiskt afseende verkställd
   resa längs stränderna af Enare träsk. Bergstyrelsens tjänste-
   berättelse för år 1878. 38. Helsingfors 1879.

J. J. Sederholm, Om istidens bildningar i det inre af Finland. Fennia
   1, n:o 7. Helsingfors 1889.

— et W. Ramsay, Les excursions en Finlande. Guide des excursions du VII Congrès géologique international. *13*. S:t Petersburg 1897.

H. Stjernwall, Nordöstra Kuusamo och sydöstra Kuolajärvi. Vetenskapliga meddelanden utgifna af geografiska föreningen. *1*. 211.
   Helsingfors 1893.

A. Strahan, The Raised Beaches and Glacial Deposits of the Warangerfjord. Quarterly Journal of the Geological Society. *53*. 147.
   London 1897.

A. Stuckenberg, Отчетъ геологическаго путешествія въ Печорскій
   край и Тиманскую тундру. Матеріалы для геологіп Россіп.
   6. 1. S:t Petersburg 1875.

O. Torell, Undersökningar om istiden. II. Öfversigt af k. svenska
   vetenskapsakademiens förhandlingar. *30*, n:o 1. 47. Stockholm
   1873.

Th. Tschernyscheff, Тиманскія работы въ 1890 году. Travaux
   exécutés au Timane en 1890. Извѣстія Геологическаго
   Комитета. *10*. N:o 4, 95. S:t Petersburg 1891.

— Aperçu sur les dépots posttertiaires en connexion avec les trouvailles des restes de la culture préhistorique au nord et à l'est

de la Russie d'Europe. Congrès international d'Archéologie
préhistorique et d'anthropologie. 11:ème Session *t*. 35. Moskau
1892.

F. Wahnschaffe, Die Ursachen der Oberflächengestaltung des norddeutschen Flachlandes. Stuttgart 1891.

www.ingramcontent.com/pod-product-compliance
Lightning Source LLC
Chambersburg PA
CBHW021812190326
41518CB00007B/555